Roland Büchi

Brushless-Motoren und -Regler

Grundlagen · Technik · Praxis

Brushless-Motoren und -Regler

Grundlagen • Technik • Praxis

Roland Büchi

Verlag für Technik und Handwerk neue Medien GmbH
Baden-Baden

vth-Fachbuch
Best.-Nr.: 310 2212

Redaktion: Dr. Paul Dauner
Lektorat: Alfred Klüß
Fotos: Heinz Büchi

Bibliografische Information der Deutschen Nationalbibliothek
Die Deutsche Nationalbibliothek verzeichnet diese Publikation in der Deutschen Nationalbibliografie; detaillierte bibliografische Daten sind im Internet über http://dnb.d-nb.de abrufbar.

ISBN 978-3-88180-427-1

Printed in Germany
Druck: Griebsch & Rochol Druck GmbH, Hamm

Inhaltsverzeichnis

Über den Autor

Roland Büchi, geboren 1969, ist Professor für Elektronik und Regelungstechnik an der Zürcher Hochschule für angewandte Wissenschaften. Nachdem er 1980 sein erstes Schiffs- und bald danach sein erstes Automodell mit einem Elektromotor betrieben hat, baut und fliegt er seit 1985 auch Elektroflugmodelle. Seit 2004 befasst er sich auch eingehend mit der neuen Modellflugsparte der Quadrokopter. Er ist der Autor des 2010 erschienenen vth-Fachbuches ‚Faszination Quadrokopter'. Den Modellbau erachtet er als ein sehr spannendes und lehrreiches Hobby, bei dem immer die modernsten Komponenten im kleinen Maßstab eingesetzt werden, ehe sie dann „im Großen" Einzug halten. Man denke nur an die hochfesten Karbon- Verbundwerkstoffe, an die LiPo-Akkus oder die 2,4-GHz-Fernsteuerungen.

Auch die heute vielerorts in der Industrie eingesetzte Technologie der Brushless-DC-Motoren wurde entscheidend von den Bedürfnissen aus dem Modellbau mitgeprägt. Er befasst sich seit über zehn Jahren mit dieser interessanten Entwicklung, kennt die Theorie sowie die Eigenschaften der gängigen Systeme und hat sie ausgiebig getestet. Außerdem setzt er Brushless-DC-Motoren in Forschungs- und Entwicklungsprojekten ein.

Vorwort

Die Brushless-DC-Motoren und -Regler haben in den vergangenen Jahren überall im Modellbau und auch in vielen anderen technischen Bereichen einen unvergleichlichen Siegeszug angetreten. Es ist dabei nicht so, dass sie heute einfach nur eine Alternative zu den Gleichstrom- oder Bürstenmotoren darstellen. Nein, Sie haben diese vielerorts fast vollständig aus dem Markt gedrängt. Dies ist speziell bei den Flugmotoren der Fall, aber auch bei den Auto- und Schiffsmodellen gewinnen sie zusehends an Bedeutung.

Doch was sind denn die offenbar starken Argumente, welche für diese neue Technologie sprechen? Als Kunde kauft man sich ja einfach den vom Hersteller des Flug-, Auto- oder Schiffsmodells vorgeschlagenen Antrieb inklusive Regler und erfreut sich daran, dass zusammen mit den LiPo-Akkus dann ein riesiger Unterschied besteht, wenn man die verfügbare Leistung und auch die Flug- oder Fahrdauer mit dem vergleicht, was früher möglich war. Das einzige, was man von außen als Unterschied erkennen kann, ist, dass vom Regler zum Brushless-Motor nun drei Kabel führen, anstelle von nur deren zwei, als man noch Bürsten- bzw. Brushed- Motoren eingesetzt hatte.

Dieses Buch soll dem interessierten Leser aufzeigen, wie ein Brushless-Motor funktioniert, was seine Eigenschaften sind und was die Gründe sind, weshalb er einen so großartigen Erfolg verbuchen kann. Es wird dabei zuerst auf das Grundprinzip eingegangen, bevor all die Kennzahlen wie beispielsweise kV oder U/(MinV), Betriebsspannung, Leerlaufstrom, Laststrom, Drehmoment, Turns, Elektrische und Mechanische Leistung, Verlustleistung, Wirkungsgrad usw. erklärt werden.

Ein Brushless-Motor funktioniert nicht ohne einen Brushless-Regler. Die Akkus liefern ja nur eine Gleichspannung, währenddessen ein Brushless-Motor eine sogenannte dreiphasige Wechselspannung benötigt. Erst die Mikroprozessortechnologie zusammen mit leistungsstarken Transistoren ermöglichte also den Betrieb. Um die Drehzahl sauber hochfahren zu können, müssen die Regler über eine Information der Rotorlage verfügen, den sogenannten Phasennulldurchgang. Die Messung geschieht in den meisten Fällen sensorlos direkt über die Motorwicklungen. Es gibt jedoch auch im Modellbau Anwendungen, bei welchen sogenannte Hall-Sensoren diese Messung durchführen, mit einigen Vorteilen im Anlaufverhalten aber dafür mit dem Nachteil des höheren Preises. Beiden Arten wird im Buch Rechnung getragen. Da auch industrielle Kleinantriebe zunehmend als Brushless-Antriebe mit einer von diesen beiden Messemethoden ausgeführt werden, ist das Buch auch für den Techniker interessant.

Die Theorie soll dabei jedoch nur soweit ausgeführt sein, dass sie dem Leser hilft, die

Prinzipien zu verstehen. Für das noch bessere Verständnis werden zu den hergeleiteten Formeln immer auch Beispiele aus der Praxis durchgerechnet. Am Ende der meisten Kapitel sind jeweils die wichtigsten Erkenntnisse in Kurzform dargestellt. Auf diese Weise kann auch der technische Laie ein Grundverständnis über diese Technologie erlangen.

Selbstverständlich fehlen auch praktische Beispiele von Motor- und Reglerkombinationen nicht. Es werden dabei Betriebsfälle von verschiedenen Reglern und Motoren unterschiedlicher Leistung diskutiert. Die Lastfälle der verschiedenen Modelltypen, Propeller bei Flugmodellen, Helikopter im Governor-Mode, Schiffsschrauben von Modellbooten oder der Beschleunigungs- und Bremsvorgang der Autos spielen hierbei eine große Rolle. Es gibt deshalb für alles spezielle Motoren und Regler. Sie alle finden hier ihren Platz, indem auch die Spezialitäten dieser Antriebseinheiten behandelt werden.

Es gibt verschiedene Arten, wie die Einstellungen von Brushless-Reglern durchgeführt werden können. Die einen funktionieren über einen integrierten Programmiermodus, welcher mit Tastern, Leuchtdioden und Pieptönen mit dem Anwender kommuniziert. Oftmals können weitere Werte mithilfe des Gasknüppels der Fernsteuerung gespeichert werden. Etwas aufwändigere Versionen bedienen sich sogenannter Programmierboxen, welche für die Parametereinstellung direkt am Regler einsteckt werden. Eine weitere Art der Programmierung erfolgt mittels USB-Schnittstelle über den PC. Mit der mitgelieferten Software ist es so möglich, eine Vielzahl von Parametern grafisch am Bildschirm zu verändern.

Nicht fehlen dürfen auch Praxistipps zum richtigen Einbau in das Modell sowie Tipps zur Verkabelung. Da nicht nur der Motor, sondern auch der Regler im Betrieb Verlustleistung und damit Wärme generiert, ist auch die Diskussion über die richtige Kühlung beider Einheiten sehr wichtig. Hinweise für den Kaufentscheid und das richtige Vorgehen bei der Fehlersuche sind ebenfalls unverzichtbar und runden das Buch ab. Am Ende sind Literaturhinweise aufgelistet.

1. Einführung

Die Brushless-DC-Motoren, kurz auch BLDC-Motoren, sind aus dem technischen Modellbau heute nicht mehr wegzudenken. Interessanterweise haben sie den Durchbruch nicht zuerst bei den Boots- und Automodellen geschafft, bei welchen der Elektromotor schon in den Anfangszeiten zu den sinnvollen Antriebsalternativen gehörte, sondern bei den Flugmodellen.

Zu Beginn der 1980er-Jahre gab es nur sehr wenige Modellflugzeuge mit Elektroantrieb. Warum sollte sich der ernsthafte Modellbauer auch mit dieser Technologie auseinandersetzen? Die Motoren waren schwer, sie waren ja schließlich für den Betrieb in Modellen gedacht, welche sich nicht in die Lüfte erheben sollten. Es gab nur die Gleichstrom- oder Bürstenmotoren. Die englische Bezeichnung dafür ist ‚Brushed Motoren'. Diese mussten für einen sinnvollen Betrieb mit genügend Leistung pro Gewichtseinheit ständig über den Spezifikationen betrieben werden. Weder die Kohlebürsten noch die Lager dankten das und so war die Lebensdauer stark eingeschränkt. Auch die Akkus waren noch nicht auf dem heutigen Stand, es gab damals die Nickel-Cadmium-Akkus (NiCd). Die Energiedichte, also die gespeicherte Energie im Verhältnis zum Gewicht der Standard-Akkus hat sich in den letzten dreißig Jahren etwa verfünffacht. Konnte ein Elektroantrieb mit den damaligen Energieträgern für drei Minuten die volle Leistung bringen, so kann das derselbe Elektroantrieb mit den heutigen LiPo-Akkus eine Viertelstunde lang. Klappluftschrauben oder überhaupt leichte Propeller, welche auf die Elektromotoren zugeschnitten waren, waren auf dem Markt noch gar nicht zu finden. Der erste Segler, welchen der Autor damals im Teenager-Alter mit einem Mabuchi-380-Motor und der ausgebauten Dreiblattluftschraube eines Howercraft-Modells ausrüstete, war ein ‚Filius' von Ikarus. Nachdem die Akkus nach fünf Minuten leer waren und dieser eine ansehnliche Höhe erreicht hatte, bewirkte die ‚Autorotation' der Luftschraube, dass das Modell so stark abgebremst wurde, dass es viel schneller an Höhe verlor, als diese vorher mühsam gewonnen wurde. Trotzdem war das Interesse für den Elektroflug geweckt und die Zeit hat der Sache recht gegeben.

Bei den Boots- und Automodellen gab es damals ebenfalls nur relativ wenige verschiedene Typen von Brushed-Motoren. Es gab aber schon Regler wie heute zu kaufen. Man konnte mit diesen fast verlustlos die Drehzahl einstellen und auch die Bremse war bereits Stand der Technik. Es gibt aus heutiger Sicht zwei Gründe, weshalb die Ablösung des Bürstenmotors durch den Brushless-Motor bei Boots- und Automodellen viel schleppender vor sich ging als bei den Flugmodellen.

1.) Der Anlauf des Brushless-Motors ist aufgrund der Technologie etwas komplexer als bei den Bürstenmotoren. Auch abrupte Lastwechsel mit großen Drehmomentsprüngen, wie er bei RC-Cars häufig stattfindet, sind etwas schwieriger zu realisieren. Somit wurden, was Lastwechsel betrifft, sogenannte weiche Lasten ohne Drehmomentsprünge wie Propeller oder Schiffsschrauben vom Brushless-Motor zu Beginn eher bevorzugt. Auch muss der Propeller nur einmal starten, es gibt also weniger ‚Stop and Go'. Der Leser sei versichert, diese Anfangsschwierigkeiten sind mit den heutigen Reglern längst aus der Welt geschafft. Auch bei RC-Cars sind die Brushless-Motoren heute Stand der Technik.

2.) Beim Flugmodell bedeutete der Umstieg auf die Elektromotoren einen vollständigen Paradigmawechsel. Plötzlich waren die Tage vergessen, an welchen man minutenlang an seinem Glühzünder herum örgelte, bevor jemand mit dem Elektrostarter herbeieilte. Vergessen waren auch die Flugtage, nach welchen man sein durch Kraftstoffrückstände klebriges Modell reinigte. Ja, der neue Antrieb war ‚sauber' in jeder Hinsicht, Hebel rauf und schon ging's los. Was als Belächlung von eingefleischten ‚Verbrennerjunkies' seinen Anfang nahm, schlug mit zunehmender Weiterentwicklung der Technologie bald in Bewunderung und Begeisterung um. Bei den Boots- und Automodellen war der Umstieg auf die Brushless-Technologie längst nicht so einschneidend, ja es gibt sogar Umrüstsätze, bei welchen der Anwender gar nichts davon merkt, außer dass sein Modell größere Beschleunigungswerte und eine längere Fahrdauer aufweist als vorher. So entstand bei vielen RC-Car-Modellbauern gar nicht erst das Bedürfnis nach einem Wechsel.

1.1 Elektromechanischer Energiewandler

Elektromotoren sind sogenannte elektromechanische Energiewandler. Sie wandeln elektrische Energie oder elektrische Leistung in mechani-

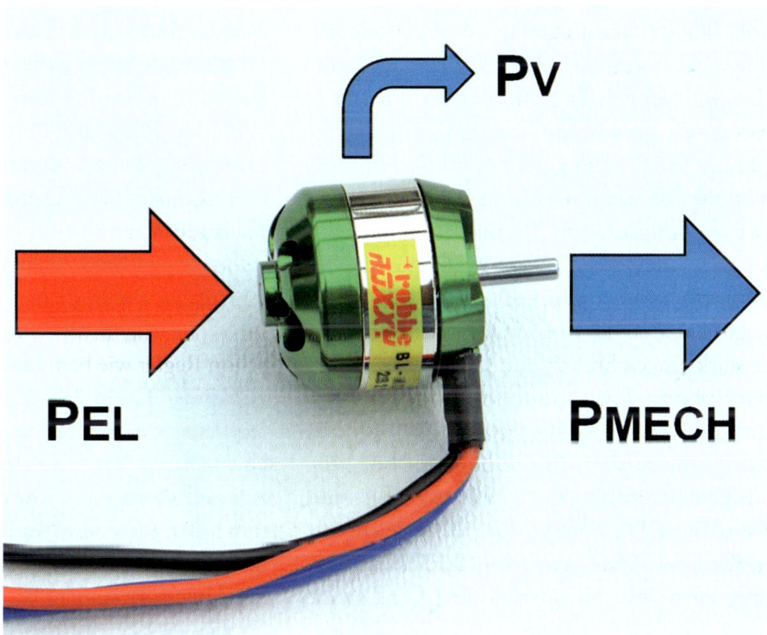

Bild 1: Leistungen bei einem Brushless-Motor.

sche Energie bzw. Leistung um. Beide Leistungen, die Elektrische und die Mechanische, sind für den Anwender wichtig. Die elektrische Leistung ist relevant für die Berechnung, wie lange es dauert, bis der Akku leer ist. Die mechanische Leistung ist diejenige, welche das Modell antreibt, also das, was man sehen oder spüren kann. Bild 1 zeigt die Zusammenhänge. Wie daraus ersichtlich ist, kann die Umwandlung in der Praxis nicht verlustlos geschehen. Es gibt immer auch Verluste im Motor. Aus der Energieerhaltung kann abgeleitet werden, dass für jeden Motor gilt:

$$P_{EL} = P_{MECH} + P_V$$

P_V ist dabei die gesamte Verlustleistung im Motor. Wie später noch gezeigt wird, besteht sie aus den Verlusten in der Wicklung, den Verlusten im Eisen und den Reibungsverlusten zwischen Welle und Lager.

Die mechanische Leistung P_{MECH} ist im Motorbetrieb also immer kleiner als die elektrische Leistung P_{EL}. Die Hersteller sind dabei in hohem Maße daran interessiert, das Verhältnis zwischen der mechanischen und der elektrischen Leistung, den Wirkungsgrad des Motors also, möglichst hoch zu halten. Es geht dabei nicht nur um eine optimale Ausnutzung der elektrischen Leistung. Wenn ein hoher Wirkungsgrad erreicht wird, dann heißt das auch, dass die Verlustleistung im Betrieb klein bleibt. Dann ist auch die Wärmeentwicklung im Motor klein. Das erhöht die Lebensdauer. Aufgrund der speziellen Technologie der Brushless-Motoren liegen die Wirkungsgrade in den meisten Betriebsfällen im Bereich zwischen 80 % und 90 %, oftmals auch darüber. Im Vergleich dazu bringen es die Bürstenmotoren auf Wirkungsgrade, welche etwa zwischen 50 % und 80 % liegen. Bürstenmotoren mit vergleichbarer Leistung weisen also eine deutlich höhere Verlustleistung auf. Sie werden somit im Betrieb unter gleichen Voraussetzungen wärmer oder müssen größer und schwerer gebaut werden, um die Wärme abführen zu können.

Leistungsklassen

Später wird gezeigt werden, dass es von der Statoroberfläche, also des sich nicht drehenden Teiles abhängt, wie groß die Verslustleistung des Motors sein darf. Wenn somit der Wirkungsgrad hoch ist, dann kann mit einer gegebenen Statoroberfläche auch eine große mechanische Leistung erzielt werden. Selbstverständlich liegen die meisten der im Modellbau eingesetzten Motoren in der Leistungsklasse einige Watt bis einige hundert Watt. Es werden jedoch auch Motoren mit bis zu 15 kW und mehr gebaut und erfolgreich betrieben. Damit und zusammen mit den leistungsfähigen Akkus und Reglern der heutigen Zeit können auch größte Flug-, Boots-, und Schiffsmodelle betrieben werden. Der Brushless-Antrieb ist der Modellbauantrieb der Gegenwart und der Zukunft. Mit der Entwicklung noch leistungsfähigerer Systeme wird die Zahl der mit Verbrennungsmotor angetriebenen Modelle weiter abnehmen.

1.2 Unterschied zwischen Brushed- und Brushless-Motor

Bild 2 zeigt Statoren und Rotoren von Brushed- und Brushless-Motoren. Auf der linken Darstellung links sind Stator und Kohlebürsten eines Brushed-Motors, rechts der Stator eines Brushless-Motors zu finden. Die rechte Darstellung zeigt links einen Rotor eines Brushed- und rechts einen solchen eines Brushless-Motors. Beides sind sogenannte Innenläufer. Der feststehende Teil, der Stator, befindet sich außen und der drehende Teil, der Rotor ist innen.

Beide Motoren bewegen sich nach dem gleichen Prinzip der Lenz'schen Regel, wie es in Kapitel 2.2 eingehend behandelt wird. Bei diesem Prinzip üben immer (Permanent-) Magnete und stromdurchflossene Leiter Kräfte aufeinander aus. Bei einem Brushed-Motor sind die Permanentmagnete stets auf dem Stator ange-

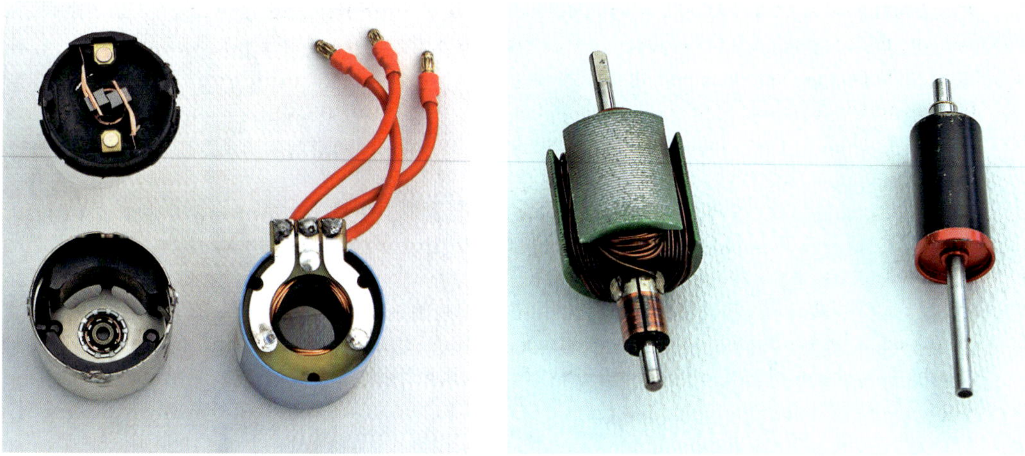

Bild 2: Statoren und Rotoren von Brushed- und Brushless-Motoren gleicher Leistung.

bracht. Die stromdurchflossenen Leiter befinden sich immer auf dem drehenden Teil. Das vom Permanentmagneten hervorgerufene Feld und der Strom durch den Leiter üben jedoch nur dann eine Kraft in die Richtung der Rotordrehung aus, wenn sie in der richtigen Orientierung zueinander stehen. So muss der Strom während einer Umdrehung gewendet werden. Das wird in der Fachsprache auch ‚kommutiert' genannt. Um einen Kontakt zwischen den am Stator fixierten Zuleitungsdrähten und dem sich drehenden Rotor herzustellen und zusätzlich den Strom auf die richtige Art zu wenden, werden die Bürsten benötigt. Sie sind meistens aus Graphit gefertigt. Um den Verschleiß zu minimieren und den Kontakt zu verbessern, werden sie oftmals mit Kupfer, Silber oder anderen Metallen angereichert. Brushed-Motoren haben den Vorteil, dass sie mit einer Gleichspannung angetrieben werden können, wie sie beispielsweise eine Batterie oder ein Akku liefert. Die Kommutierung mit den Bürsten sorgt dann für die richtige Stromrichtung. Deshalb werden diese Motoren auch Gleichstrommotoren oder englisch Direct-Current (DC-)Motoren genannt. Es ist aber exakt diese Verbindung zwischen dem Rotor und dem Stator, welche die Schwachstelle dieser Motoren ausmacht. Es wird für die Stromübertragung einerseits ein gewisser Anpressdruck benötigt, welcher die Reibung vergrößert und so auf den Wirkungsgrad drückt; andererseits sorgt dann der tiefere Wirkungsgrad dafür, dass der Motor im Betrieb mehr Verlustleistung erzeugt. Die dabei entstehende Wärme verschleißt gerade wieder den Hauptverursacher des tiefen Wirkungsgrades, nämlich ebendiese Bürsten. Außerdem sorgen im Motor Induktivitäten dafür, dass der abrupte Wechsel des Stromes große Spannnungsspitzen verursacht. Das dadurch entstehende sogenannte Bürstenfeuer stört den Empfänger der Fernsteuerung. Der Brushed-Motor muss deshalb aufwändig entstört werden.

Beim Brushless-Motor sind die Permanentmagnete immer auf dem drehenden Teil, dem Rotor angebracht. Die stromdurchflossenen Leiter sind dagegen immer auf dem Stator zu finden. Diese Konstellation ist also gerade umgekehrt wie beim Brushed-Motor. Auf diese Weise muss der Strom nicht mühsam auf den Rotor gebracht werden, er darf ja schließlich auf dem Stator bleiben. Die Bürsten entfallen somit. Man möchte sich an dieser Stelle fast fragen, weshalb denn die Technik zuerst einen so langen

Umweg über den Brushed-Motor gemacht hat. Schließlich ist das doch viel einfacher, wenn die Verschleißteile der Bürsten gar nicht benötigt werden. Die Antwort darauf liegt in der Kommutierung. Einen Brushless-Motor kann man nicht direkt mit einer Gleichspannung aus einem Akku betreiben. Die Stromwendung oder das Kommutieren muss auf eine andere Art gelöst werden. Was beim Brushed-Motor mechanisch erfolgt, wird beim Brushless-Motor mit der Elektronik des Brushless-DC-Reglers erledigt. ‚Strom wenden' heißt ja auch ‚Stromrichtung wechseln' oder eben auch ‚Wechselstrom einsetzen'. Die Kommutierung übernimmt also der Brushless-Regler. Er macht aus der Gleichspannung des Akkus eine Wechselspannung oder einen Wechselstrom. Erst dieser sorgt dafür, dass der Motor sich dreht.

Es ist eine Begebenheit, welche sich in der modernen Technik sehr häufig feststellen lässt: eine Problemstellung, welche früher rein mechanisch gelöst wurde, wird jetzt durch eine Kombination aus Elektronik und einer viel einfacheren Mechanik ersetzt. Andere Beispiele dafür sind der Nabenmotor beim Fahrrad anstelle eines Kettenantriebes und einem Getriebe oder ‚fly by wire' in Großflugzeugen anstelle einer Kraftübertragung mit mechanischem Gestänge. Ein Beispiel im Modellbau ist der Ersatz der komplizierten Hubschraubermechanik durch vier drehzahlgesteuerte Propeller eines Quadrokopters. Der Brushless-Motor ist also in guter und moderner Gesellschaft.

1.3 Kein Brushless-Motor ohne Brushless-DC-Regler

Damit wird auch der obige Titel sofort klar. Ein Brushless-Motor für sich alleine kann sich noch nicht drehen, weil ihm die für den Betrieb so wichtige Kommutierung fehlt. Wer zum ersten Mal einen solchen Motor mit seinen drei Anschlüssen in der Hand hält, dem wird das sofort klar. Wie soll er es auch bewerkstelligen, diese mit den nur zwei Anschlüssen des Akkus zu verbinden? Das geht nur über ein ‚Verbindungsstück', eben den Regler. Diese beiden Dinge sind deshalb unzertrennlich miteinander verbunden. In den Anfangszeiten des Modellbaus mit Brushed-Motoren und Fernsteuerungen mit wenigen Kanälen war es noch denkbar (aber nicht sehr ratsam), den Motor ohne Eingriffsmöglichkeit direkt mit dem Akku zu verbinden. Ein heutiger Brushless-Antrieb muss jedoch aus oben genannten Gründen immer aus Regler und Motor bestehen. Bild 3 zeigt eine solche Standard-Kombination, Bild 4 ist die schema-

Bild 3: LiPo-Akku, Brushless-Motor und Brushless-DC-Regler mit BEC-Anschluss.

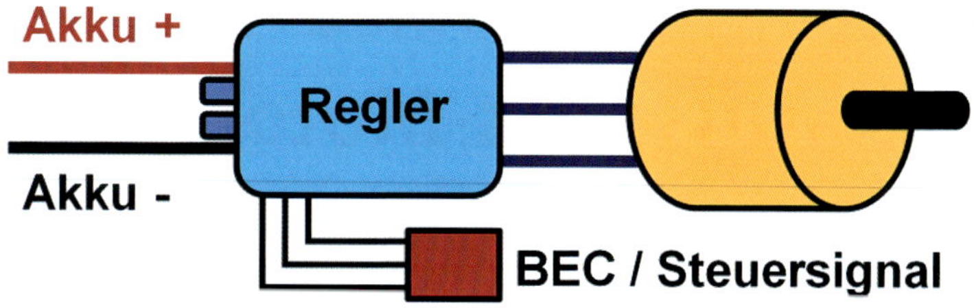

Bild 4: Schematische Darstellung des Antriebs aus Bild 3.

tische Darstellung dazu. Wie in Kapitel 4 gezeigt wird, weisen die Brushless-DC-Regler fast immer einen sogenannten BEC-Anschluss auf. Dieser versorgt den Empfänger mit Energie und ist auf den Abbildungen ebenfalls zu sehen.

1.4 Brushless-DC-Motor oder nur Brushless-Motor?

Die richtige Namensgebung ist fast schon eine Philosophiefrage. Der Brushless-Motor wird in der Literatur manchmal als BL-Motor und manchmal als BLDC-Motor abgekürzt. Je nachdem, ob nur der Motor für sich oder in Kombination mit dem Regler gemeint ist, sind beide Bezeichnungen richtig. Fest steht: ist nur der Motor alleine gemeint, hat er nichts mit ‚DC' am Hut. ‚DC' heißt auf Englisch ‚Direct Current', übersetzt ‚Gleichstrom'. Die simple Bezeichung ‚Brushless-(BL)'-Motor ist ausreichend. Ist die ganze Kombination Motor und Regler gemeint, so ist die Bezeichnung Brushless-Direct Current-(BLDC-)Motor durchaus sinnvoll. Die Kombination erscheint nämlich an deren Klemmen tatsächlich wie ein ganz normaler Gleichstrommotor. Am Eingang des Reglers liegt ja die Gleichspannung des Akkus an und an der Welle gibt er mechanische Leistung ab, genauso wie man das von früher her kennt.

Die Bezeichnung ‚Regler' ist ebenfalls etwas irreführend. Der Regler übernimmt viel mehr als nur eine Umwandlung von Gleich- in Wechselspannung, also die elektronische Kommutierung. Vielmehr ist er für den korrekten Betrieb des Motors in allen Belangen zuständig. Er fährt ihn sauber auf die Drehzahl hoch und bremst ihn wenn nötig ab. Zudem muss er aber noch viel mehr leisten, wie es in Kapitel 4 noch beschrieben wird: er muss die Rotorposition feststellen, muss eine möglicherweise niedrige Akkuspannung erkennen oder bei zu hohem Strom sogar die Drehzahl zurückfahren. Außerdem versorgt er oftmals auch den Empfänger mit Strom. Die Bezeichnung ‚Brushless-DC-Controller' wäre hier sinnvoll. Da sich jedoch die Bezeichnungen ‚Brushless-Regler' und ‚Brushless-DC-Regler' allgemein durchgesetzt haben, werden diese auch hier verwendet.

2. Funktionsweise des Brushless-Motors

2.1 Wirkprinzip

Bild 5 zeigt eine Prinzipskizze eines Brushless-Motors. Es handelt sich um einen sogenannten Innenläufer. Im Gegensatz zum später auch noch zu behandelnden Außenläufer ist der drehende Teil innen und der feststehende Teil außen. Der drehende Teil heißt Rotor, hier mit dem rot-grünen Permanentmagneten in der Mitte gezeichnet, der feststehende Teil heißt Stator. In der Praxis würde ein Motor nie auf diese Weise gebaut werden. Um die grundlegende Funktion zu verstehen, ist diese Darstellungsweise jedoch gerade richtig.

Viele Eigenschaften kann man bereits anhand dieses Bildes erkennen. Würde man die Frage stellen, wie man denn einen Brushed- oder Gleichstrommotor am einfachsten von einem Brushless-Motor unterscheiden könne, so würden wohl viele zur Antwort geben: „Ein Brushless-Motor hat drei Kabel im Gegensatz zum Brushed-Motor, welcher nur deren zwei besitzt. Genau das ist auch hier ersichtlich. Jedes der Kabel führt auf eine der drei Spulen des Stators. Diese sind je 120° zueinander versetzt angeordnet. Die Spulenenden sind alle miteinander verbunden. Diese Anordnung wird ‚Sternschaltung' genannt, die miteinander verbundenen Spulenenden ‚Sternpunkt'. Es gibt auch noch die ‚Dreieckschaltung', dies wird jedoch weiter hinten beschrieben.

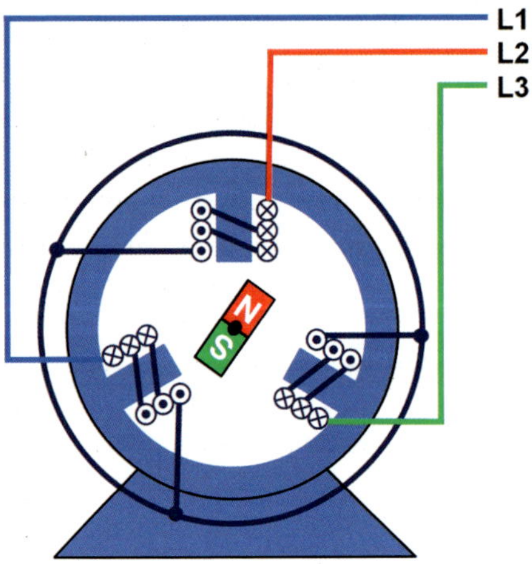

Bild 5: Prinzipskizze eines Brushless-Motors.

Bild 6 zeigt die Stellung des Rotors und den zeitlichen Verlauf der drei Ströme, welche durch L1, L2 und L3 fließen. Es ist dabei zu erkennen, dass sie über die Zeit dargestellt sinusförmig verlaufen. Es wird hier genau eine volle Periode, also ein Verlauf über 360° dargestellt. Die drei Ströme sind jeweils um 120° versetzt, in der Reihenfolge L1, L2 und L3. Das kann man sehr schön an den jeweiligen Maximalwerten erkennen. Denkt man sich den Zeitverlauf nun weiter, so folgt 120° nach dem grünen wieder das blaue Maximum. Man könnte also bis ins Unendliche immer wieder den dargestellten Kurvenabschnitt aneinanderreihen. Der dunkelblaue Balken stellt dar, wie groß die drei Ströme zum aktuellen Zeitpunkt gerade sind. Der

Strom durch L1 befindet sich hier also gerade auf dem positiven Maximum, währenddessen die Ströme L2 und L3 gerade auf dem halben negativen Maximum sind, also in die andere Richtung fließen.

Dieser Sachverhalt zeigt sich auch bei der Zeichnung des Motors, links im Bild. Der Strom durch den Leiter L1 zeigt einwärts, die Ströme durch die Leiter L2 und L3 zeigen auswärts. Die Richtungspfeile sind etwas dünner dargestellt, weil sie nur halb so groß sind. Bei einem einwärts zeigenden Strom prägt sich bei der Spule auf der Statorinnenseite ein magnetischer Südpol aus. Entsprechend prägen sich bei den Spulen, welche von den Leitern L2 und L3 gespeist werden, magnetische Nordpole aus. Da statorseitige Südpole die rotorseitigen Nordpole anziehen und umgekehrt, dreht sich der Nordpol des rotorseitigen Permanentmagneten exakt zum einzigen Südpol auf der Statorseite. Der rotorseitige Südpol kommt zwischen die beiden statorseitigen Nordpole zu liegen.

Bild 7 zeigt den Zeitbalken kurze Zeit später. Der Strom durch L2 ist jetzt Null, die beiden Ströme durch L1 und L3 sind fast auf dem Maximum und besitzen das entgegengesetzte Vorzeichen. Entsprechend prägt sich bei der Spule, welche von Leiter L1 gespeist wird, auf der Innenseite ein magnetischer Südpol aus. Bei der Spule, welche von Leiter L3 gespeist wird, prägt sich ein Nordpol aus. Bei der Spule, welche vom stromlosen Leiter L2 gespeist wird, ist weder ein Nord- noch ein Südpol vorhanden. Der Permanentmagnet des Rotors dreht sich so, dass sein Nord- bzw. Südpol dem Süd- bzw. Nordpol des Stators so nahe wie möglich kommt.

Bild 8 zeigt den Zeitbalken noch etwas später. Es prägt sich analog zu den Erklärungen der vorhergehenden Bilder bei der Spule, welche von Leiter L3 gespeist wird, ein magnetischer Nordpol aus. Bei den beiden anderen Spulen sind jeweils magnetische Südpole zu finden. Entsprechend dreht sich der Permanentmagnet des Rotors noch etwas weiter im Uhrzeigersinn. In Bild 9 liegt der blaue Balken so, dass durch L2 der Maximalstrom fließt. Durch L1 und L3 fließen die halben negativen Maximalströme. Entsprechend prägen sich auf den Statorinnenseiten wieder ein Südpol und zwei Nordpole aus. Im Vergleich zu Bild 6 hat jetzt der Strom einen Drittel der Periode durchlaufen, also 120°. Ebenso hat sich auch der Rotor verhalten. Er hat sich zwischen Bild 6, 7, 8 und 9 gerade um einen Drittel einer Umdrehung, also um dieselben 120° gedreht. Denkt man sich die Bewegung des blauen Balkens nun weiter, bis er eine volle Periode durchlaufen hat, dann hat sich auch der Rotor genau einmal um die eigene Achse gedreht.

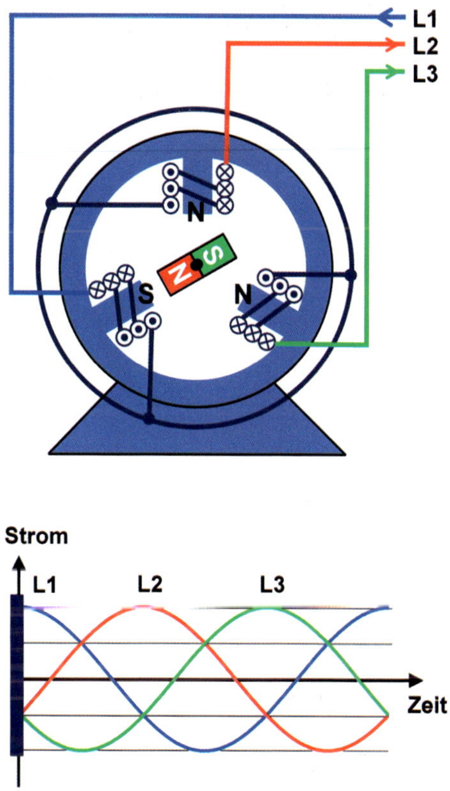

Bild 6: Rotorstellung mit Maximalstrom durch L1.

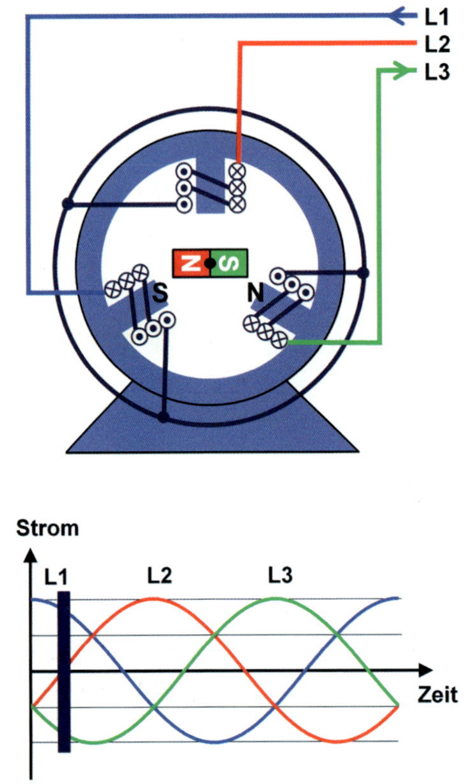

Bild 7: Rotorstellung kurze Zeit später.

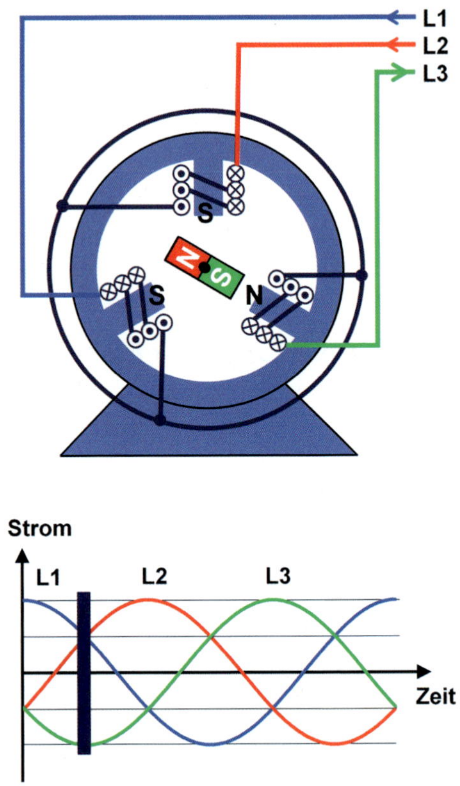

Bild 8: Rotorstellung noch etwas später.

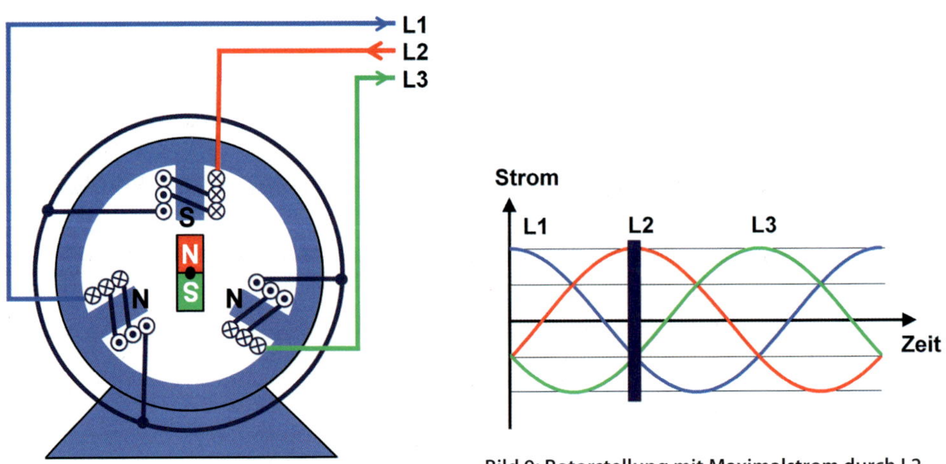

Bild 9: Rotorstellung mit Maximalstrom durch L2.

Die Rotorlage und der Ort des blauen Balkens auf der Zeitachse des Stromverlaufs sind immer miteinander gekoppelt. Man kann auch sagen, dass sich der Rotor synchron mit dem Stromverlauf dreht. Der Name ‚Brushless-Motor' hat sich zwar als Begriff mittlerweile durchgesetzt. Die Erfindung ist jedoch nicht neu. Der Brushless-Motor ist in der Literatur auch unter dem Namen ‚Synchronmotor' zu finden. Er trägt ihn wegen des oberen Zusammenhangs.

2.2 Kraftwirkung auf einen stromdurchflossenen Leiter im magnetischen Feld

Bild 10 zeigt eine Anordnung mit einem stromdurchflossenen Leiter, welcher sich im magnetischen Feld eines Permanentmagneten befindet. Da in Kapitel 3 etwas quantitativ gerechnet wird und es auch zum Verständnis über die realen Innen- und Außenläufer in den Kapiteln 2.3 und 2.4 beiträgt, soll an dieser Stelle eine kurze Beschreibung der Kraftwirkung auf einen stromdurchflossenen Leiter im Magnetfeld folgen. Die entsprechenden Theorien sind in der Literatur unter den Begriffen ‚Lorentz-Kraft' oder ‚Lenz'sche Regel' zu finden. Der U-förmige Permanentmagnet weist oben einen Nordpol (rot dargestellt) und unten einen Südpol (grün dargestellt) auf. Es sind wie bei allen Magneten sogenannte Feldlinien vorhanden. Würde man diesen Magneten mit der Seite unter ein Papier legen und Eisenspäne darauf streuen, würden sich diese auf der Luftverbindung zwischen Nord- und Südpol auf Linien sammeln. Im Bild sind zwei davon eingezeichnet.

Feldlinien seien gerichtet und in sich geschlossen, heißt es weiter in der Literatur. Die Richtung ist immer vom Nord- zum Südpol, im Bild wird das mit den Pfeilspitzen dargestellt. Tatsächlich sammeln sich auch Eisenspäne entlang von Linien innerhalb des U Magneten. Die im Bild eingezeichneten zwei Linien laufen also eigentlich über den Permanentmagneten weiter und es ergäben sich tatsächlich in sich

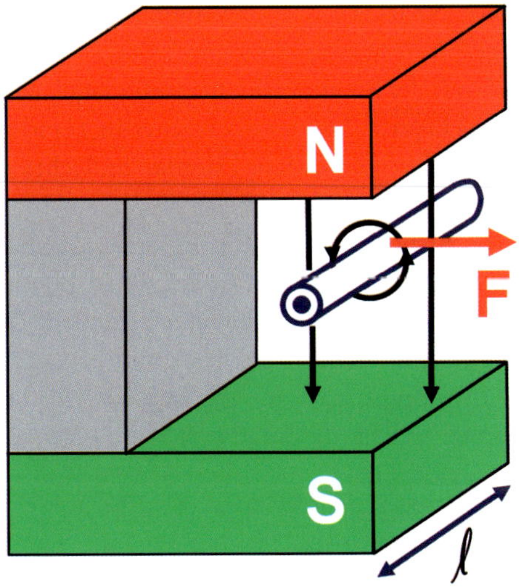

Bild 10: Kraftwirkung auf einen elektrischen Leiter.

geschlossene Linien. Sie sind jedoch der Übersicht halber nicht eingezeichnet. Zur besseren Vorstellung sei jedoch schon jetzt einmal auf das Bild 13 verwiesen. Beim dort dargestellten Innenläufer sind die kompletten in sich geschlossenen Feldlinien gezeichnet.

Auch ein stromführender Leiter weist Feldlinien auf. Sie bilden geschlossene Kreise um ihn herum, so wie das stellvertretend für alle Linien im Bild einmal eingezeichnet ist. Die Richtung ist jetzt wichtig: dazu muss aber etwas weiter ausgeholt werden. Die technische Stromrichtung kann entweder mit einem Pfeil entlang des Leiters oder mit einem Symbol im Querschnitt dargestellt werden. Dazu soll noch einmal Bild 5 betrachtet werden. Die dortigen Leiter der Spulen sind ebenfalls im Querschnitt gezeichnet. Ein Punkt in der Mitte stellt symbolisch eine Pfeilspitze dar. Die technische Stromrichtung kommt also ‚aus dem Bild heraus'. Ein Kreuz ist symbolisch wie das Leitwerk des Pfeiles, das Ende also, zu verstehen. In diesem Falle ist die Stromrichtung ‚ins Bild hinein'. Im Bild 10 ist beim Querschnitt vorne ein Punkt gezeichnet. Das heißt, dass die technische Stromrichtung von hinten nach vorne zeigt. Eine bestimmte Stromrichtung ist immer auch mit der Richtung der magnetischen Feldlinien gekoppelt. Nimmt man die rechte Hand zu Hilfe und zeigt mit dem Daumen in Richtung des Stromes, so weisen die vier restlichen Finger in die Richtung der Feldlinien. Sie zeigen also im Gegenuhrzeigersinn um den Leiter herum. Dieser Zusammenhang ist auch unter dem Begriff ‚Rechte-Hand-Regel' bekannt.

Interessant wird es jetzt aber erst mit der Formel, welche die Kraftwirkung quantitativ beschreibt. Eine Kraft wirkt immer in eine bestimmte Richtung. Sie wird deshalb ebenfalls mit einem Pfeil dargestellt. Auch der Strom und das magnetische Feld (als Berechnungsgröße wird hier die Induktion bzw. die Flussdichte angegeben) werden mit Pfeilen dargestellt. Es sind also alles sogenannte gerichtete Größen, man nennt sie auch Vektoren. Für die Berechnung der Kraft aus der Induktion und dem Strom gibt es jetzt einen Merksatz:

Stehen die Induktion und der Strom senkrecht aufeinander, so steht die Kraft ebenfalls senkrecht auf beiden und hat den Wert:

$F = B \cdot I \cdot L$
(Kraft = Induktion × Strom × Länge).

L ist dabei die Länge, auf welcher das magnetische Feld auf den Leiter einwirkt. Wie im Bild dargestellt ist, zeigt die Kraft nach rechts und steht wie im Merksatz angegeben sowohl auf dem Strom als auch auf der Induktion senkrecht. Auch wenn die Kraft in die entgegengesetzte Richtung zeigen würde, stünde sie auf den beiden anderen Größen senkrecht, es gäbe nach diesem Merksatz also zwei Möglichkeiten für ihre Richtung. Um herauszufinden, in welche Richtung sie tatsächlich zeigt, soll folgende Überlegung helfen. Links vom Leiter überlagern sich die beiden magnetischen Felder von Permanentmagnet und Leiter, da sie in dieselbe Richtung zeigen. Das heißt, dass das Feld dort insgesamt größer wird. Man kann das auch so darstellen, dass die Feldlinien dort dichter stehen. Die Feldlinien möchten jetzt aber gerne den maximalen Abstand zueinander einnehmen, sie möchten den Platz gerne ausnützen. Bildlich gesprochen versuchen sie nun, den Leiter nach rechts wegzudrücken, um diesen Platz zu erhalten. Dies passt auch zu den Verhältnissen auf der rechten Seite des Leiters. Dort zeigt der Pfeil des vom Leiter hervorgerufenen Magnetfeldes nach oben, während der Pfeil des vom Permanentmagneten hervorgerufenen Magnetfeldes nach unten zeigt. Das Feld ist dort also insgesamt kleiner, oder anders dargestellt stehen die Feldlinien dort weiter auseinander. Mit dieser Überlegung kann die Richtung der Kraft eindeutig festgestellt werden. Sie zeigt wie eingezeichnet nach rechts.

2.3 Kraftwirkung in der Praxis am Beispiel eines Innenläufers

Das im letzten Kapitel behandelte Prinzip der Kraftwirkung liegt den meisten Elektromotoren zugrunde. Auch der Brushless-Motor funktioniert auf diese Weise. Um die Funktionsweise der Motoren zu verstehen, müssen also immer Permanentmagnete, welche ein magnetisches Feld verursachen und stromdurchflossene Leiter identifiziert werden. Bild 11 zeigt einen Stator und Bild 12 einen dazu gehörenden Rotor.

Bild 11: Innenläufer, Stator mit einer eisenlosen Wicklung.

Bild 12: Innenläufer, Rotor mit Permanentmagneten.

Es handelt sich wie im vorhergehenden Kapitel, als das Wirkprinzip beschrieben wurde, um einen Innenläufer. Der Permanentmagnet auf dem Rotor ist ringförmig ausgeführt. Wenn man sich ihm mit einem Süd- oder Nordpol eines anderen Permanentmagneten nähert, dann stellt man beim Drehen fest, dass eine Seite abgestoßen und nach einer halben Umdrehung die gegenüberliegende angezogen wird. Gleich wie schon in Bild 5 dargestellt wurde, gibt es also auch hier genau einen Nord- und einen Südpol bei diesem Rotor. Man sagt in der Fachsprache auch, es handle sich hierbei um einen zweipoligen Rotor oder einen Rotor mit einem Polpaar.

Nimmt man den Stator genauer unter die Lupe und vergleicht ihn mit Bild 5, dann fällt einem sofort auf, dass die Einkerbungen, die sogenannten Nuten, in welche dort die Wicklungen gelegt werden, fehlen. Es scheint hier so, als ob die Wicklung wie ein Fliesenteppich auf die Innenseite des Stators gelegt wurde. In der Tat handelt es sich hierbei um eine sehr häufige Ausführung der Innenläufer, um die sogenannte ‚eisenlose Wicklung'. Andere Namen dafür sind auch ‚nutenlose Wicklung' oder ‚Luftspaltwicklung'. Wenn die zuvor hergeleitete Theorie hier angewendet werden soll, müssen das die stromdurchflossenen Leiter sein, auf welche es nach den Gesetzen des Magnetismus eine Kraftwirkung gibt.

Bild 13 zeigt eine schematische Darstellung des Motors auf Bild 11 und 12. Der Rotor ist wie oben auch mit einem Permanentmagneten ausgeführt. Die Feldlinien sind wie im letzten Kapitel gefordert in sich geschlossen. Der Regel getreu, dass ihre Richtung vom Nord- zum Südpol zeigt, verlaufen sie zuerst nach oben. Dann folgen sie dem Radius des Stator-Ringes aus Eisen und treten aus diesem aus, um wieder zum Südpol zu gelangen.

Man könnte sich auch andere Verläufe der Feldlinien vorstellen. Sie könnten ja beispielsweise auch innerhalb des Rotorraumes vom Nord- zum Südpol verlaufen. Dieser Idee spricht jedoch eine weitere Eigenschaft entgegen. Die Feldlinien suchen sich wie viele andere technische Größen auch den Weg des geringsten Widerstandes. Luft, aus welcher der Rotorraum besteht, setzt ihnen einen viel größeren sogenannten magnetischen Widerstand entgegen, als es Eisen, auch ferromagnetisches Material genannt, tut. Sie suchen sich also auf dem Weg vom Nord- zum Südpol immer denjenigen Weg aus, auf welchem sie möglichst viel Eisen und möglichst wenig Luft antreffen. So kommt der im Bild dargestellte Feldlinienverlauf zustande.

Wenden wir uns nun der vorhin etwas despektierlich ‚Fliesenteppich' genannten Wicklung zu. Soll das in Kapitel 2.1 behandelte

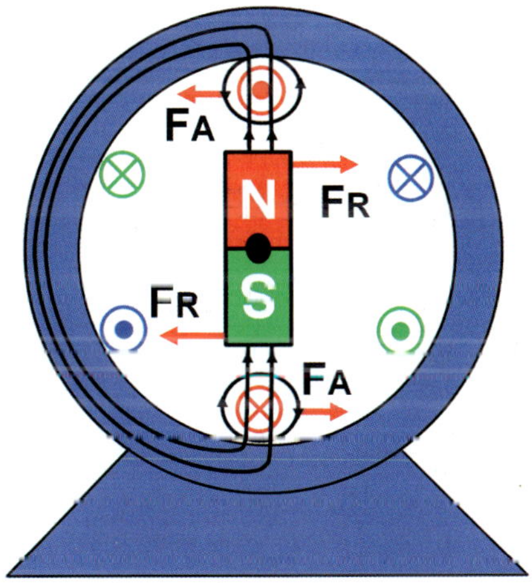

Bild 13:
Prinzipskizze des Innenläufers aus Bild 11 und 12.

Wirkprinzip hier ebenfalls gelten, so müssen immer noch drei Wicklungen vorhanden sein. Das ist auch so. Vom tatsächlichen Wicklungsschema soll an dieser Stelle abgesehen werden.

Die in den Bildern 5 bis 9 dargestellten Wicklungen kann man jedoch hier wiederfinden. Die Wicklung L2 beispielsweise, die ‚rote' Wicklung, führt der Länge des Stators entlang. Im Querschnitt betrachtet ‚kommt der Strom oben heraus' und muss ‚unten wieder hinein'. Da wegen des Rotors kein Platz vorhanden ist, die Wicklung auf dem kürzesten Weg von ‚oben nach unten' zu führen, wird sie auf der Innenseite des Stators entlanggeführt. Das führt dazu, dass die Wicklungen am Ende des Stators gebogen sind. Man nennt das auch ‚Wicklungskopf'. Selbstverständlich gibt es nicht nur eine einzige Wicklung, sondern mehrere. Das ist deshalb so, weil die Formel für die Kraftwirkung mit der Windungszahl N erweitert folgendermaßen lautet:

$F = B \cdot N \cdot I \cdot L$
(Kraft =
Induktion × Windungszahl × Strom × Länge)

In Kapitel 3 wird die Windungszahl N noch etwas vertieft betrachtet. Sie wird bei vielen Brushless-Motoren und -Reglern als Kennzahl verwendet. Englisch heißt sie ‚Turns'.

Die Feldlinien um die roten Leiter L2 herum verlaufen nach der ‚Rechte-Hand-Regel' oben mit technischen Strömen, welche ‚aus den Leitern herauskommen' im Gegenuhrzeigersinn und unten mit technischen Strömen, welche ‚in den Leiter hineingehen' im Uhrzeigersinn. Werden dieselben Überlegungen angestellt wie im letzten Kapitel, dann ergibt sich oben rechts neben dem Leiter eine Vergrößerung des Magnetfeldes, was eine Kraft auf den Leiter nach links bewirkt. Unten links neben dem Leiter herrschen dieselben Verhältnisse vor, was eine Kraft auf den Leiter nach rechts bewirkt. Der Stator und auch die an ihm festgemachten Leiter können sich indes nicht bewegen, da sie eben nach Definition den feststehenden Teil des Motors ausmachen. In der Physik wird ‚Actio = Reactio' gelehrt. Dies kommt auch hier zum Tragen. Jede Aktionskraft F_A bewirkt eine Reaktionskraft F_R. Wenn sich also der Stator nicht bewegen kann, dann muss dies halt der Rotor tun und zwar wie im Bild eingezeichnet, mit einer Kraft auf die andere Seite. Dies hat eine Rotation des Rotors im Uhrzeigersinn zur Folge, genau gleich, wie es im Kapitel 2.1 mit den Bildern 6 bis 9 beschrieben wurde.

Dass es zu jeder Aktionskraft auch eine Reaktionskraft gibt, hat wohl jeder, der schon einmal einen anlaufenden Innenläufer in der Hand gehalten hat, erlebt. Wie noch in Kapitel 3 zu behandeln sein wird, bewirken Kräfte bei Motoren auch Drehmomente. Beim Start, wenn der Rotor ein großes Drehmoment erfährt, möchte sich der Stator mit demselben Drehmoment in die entgegengesetzte Richtung bewegen. Wenn man Glück hat und die Motorleistung klein genug ist, kann man den Motor halten, ohne dass er sich einem selbst aus der Hand schlägt. Die Erklärung für dieses Phänomen ist eben dasselbe, wie es oben beschrieben wurde.

Die wahren Verläufe der Feldlinien und Wicklungen des Motors in den Bildern 11 und 12 sind freilich etwas komplizierter, da auch die Leiter der blauen und grünen Wicklung einen Strom führen. Dem Prinzip nach treten jedoch auch in Wirklichkeit magnetische Feldlinien oben in den Stator ein und unten aus dem Stator aus.

Eisenlose Wicklungen

Eisenlose (nutenlose) Wicklungen haben Vor- und Nachteile. Legt man die Wicklung in Nuten hinein, kann man den Luftspalt zwischen dem Rotor- und Statoreisen fertigungstechnisch sehr klein halten. Je kleiner der Luftspalt ist, desto größer ist die vom Permanentmagneten verursachte Induktion oder Flussdichte B. Bei einer eisenlosen Wicklung muss man den Luftspalt eher etwas größer wählen, da die Wicklung darin zu liegen kommt. Außerdem kann diese fertigungstechnisch nicht in engen Toleranzen ausgeführt werden, sodass sich der Luftspalt weiter vergrößert. Aus diesem Grunde ist die Induktion B typischerweise nicht ganz so hoch wie bei einem Motor mit Nuten. Dafür punktet er beim sogenannten Rastmoment. Die Welle eines unbestromten Motors mit einer eisenlosen Wicklung lässt sich schön gleichmässig drehen. Sie rastet wegen der fehlenden Nuten nicht bei jedem Zusammentreffen ‚Nut – Permanentmagnet' ein. Dies erhöht den Wirkungsgrad. Ein kleiner Wermutstropfen ist der relativ lange Wickelkopf, welcher mindestens auf der einen Seite um den Umfang des Stators gebogen werden muss, damit der Rotor überhaupt eingebaut werden kann. Nur auf der Länge L trägt die Wicklung zur Kraftwirkung bei, auf dem Wickelkopf nicht. Dieser trägt jedoch zur Vergrößerung des weiter hinten zu behandelnden Wicklungswiderstandes bei, welcher den Wirkungsgrad vermindert. Aus diesem Grunde sind Motoren mit eisenlosen Wicklungen meistens schlank und lang ausgeführt. Der in den Bildern 11 und 12 dargestellte Motor ist also ein ganz typischer Vertreter.

Eigenschaften von Innenläufern, Getriebe

Die Brushless-Innenläufer weisen ähnliche Eigenschaften auf wie die DC-(Brushed)-Motoren. Diese sind – wird einmal von Sonderbauformen abgesehen – fast immer als Innenläufer ausgeführt. Beide Motortypen unterliegen dem gleichen Prinzip der Kraftwirkung auf einen stromdurchflossenen Leiter im Magnetfeld. Beide weisen eher eine hohe Drehzahl bei einem eher kleinen Drehmoment auf. Bei den meisten Anwendungen, beispielsweise beim Propellerantrieb von Flugmodellen oder beim Radantrieb von Autos wird jedoch eher eine kleinere Drehzahl bei einem größeren Drehmoment gefordert. Somit werden diese Motoren in der Regel mit einem Getriebe untersetzt. Die Drehzahl wird so um die Getriebeuntersetzung kleiner und das Drehmoment wird um die Getriebeuntersetzung größer. Die an der Antriebswelle zur Verfügung stehende mechanische Leistung berechnet sich ohne Getriebe zu

$$P_{Motor} = 2 \cdot \pi / 60 \cdot n_{Motor} \cdot M_{Motor}$$

dabei ist n_{Motor} die Drehzahl in Umdrehungen pro Minute und M_{Motor} das Drehmoment an der Motorwelle in Newtonmeter. Mit Getriebe sieht die Beziehung so aus:

$$P_{GetriebeMotor} = 2 \cdot \pi / 60 \cdot n_{Motor} / i \cdot M_{Motor} \cdot i$$

Dabei ist n_{Motor} / i die Drehzahl und $M_{Motor} \times i$ das Drehmoment an der Getriebewelle. In der Formel kürzt sich die Untersetzung weg. Ein i von 2 wird beispielsweise mit einem Zahnrad auf der Antriebswelle (Motorritzel) mit 15 Zähnen und einem Zahnrad auf der Getriebewelle (Stirnrad) mit 30 Zähnen erreicht. Getriebe weisen Wirkungsgrade auf, welche etwa um 0,9 liegen. Berücksichtigt man dies, so multipliziert sich der Getriebewirkungsgrad mit dem Motorwirkungsgrad (siehe Kapitel 3) und verschlechtert so den Wirkungsgrad des gesamten Antriebes um etwa 10 %.

2.4 Mehrere Statornuten und Magnetpole am Beispiel der Außenläufer 6N8P und 12N14P

Es wäre also für den Modellbau oftmals wünschenswert, über einen Antrieb mit tieferer Drehzahl und höherem Drehmoment zu verfügen. Ein sinnvoller Antrieb sollte also all diese Vorteile vereinen. Er sollte einerseits ‚Brushless' sein wegen des hohen Wirkungsgrades und der wenigen Verschleißteile; andererseits wäre es doch schön, könnte ein mechanisches Getriebe wegfallen und der Motor würde schon an der Welle ein großes Drehmoment bei kleiner Drehzahl aufweisen. Die Bilder 14 und 15 zeigen einen Brushless-Außenläufermotor. Es ist

Bild 14: Außenläufer Stator.

Bild 15: Außenläufer Rotor.

leicht erkennbar, dass sich hier der Stator mit den Wicklungen in den Nuten, 12 an der Zahl, innen befindet. Der Rotor wird mit der Welle in das Kugellager des Stators geschoben. Er sieht wie eine Glocke aus und trägt auf der Innenseite kleine Magnete, insgesamt 14. Sie sind abwechselnd als Nord- und Südpole aufgereiht. Dieser Motor ist ein sogenannter 12-Nuter-14-Poler, ein 12N14P. Es handelt sich um eine sehr häufig hergestellte Bauform.

Weshalb aber soll ein solcher Motor ein größeres Drehmoment aufweisen als ein Innenläufer, mag man sich fragen. Dazu soll eine kleine Überschlagsrechnung gemacht werden. Die Kraft, welche am Rotor angreift, nimmt für einen Motor der gleichen Baulänge mit steigendem Durchmesser zu. Da dann die Nuten größer werden, kann man ja auch mehr Kupfer und damit mehr Windungen einbringen. Außerdem gilt ja Drehmoment = Radius × Rotorkraft. Es wird also einerseits die Kraft und andererseits der Radius größer. Somit ist es leicht einzusehen, dass das Drehmoment stark vergrößert wird, je weiter die Permanentmagneten von der Mitte entfernt sind. Der Außenläufer ist also die ideale Form für einen Motor mit hohem Drehmoment.

Er ist auch fertigungstechnisch relativ einfach herstellbar. Ein Knackpunkt bei der Herstellung von Brushless-Motoren ist unter anderem auch die Befestigung der Permanentmagnete. Man bewerkstelligt dies bei den Außenläufern meistens mit Zweikomponentenkleber. Während die Fliehkräfte beim Innenläufer die Rotormagnete auseinanderzureißen drohen, drücken sie sie beim Außenläufer einfach stärker an die Rotorglocke. Eine geniale Konstruktion! In den ersten Jahren des 21. Jahrhunderts gab es noch relativ wenige Brushless-Motoren auf dem Markt. So gab und gibt es auch heute noch viele Modellbauer, welche sich ihre Außenläufer selber herstell(t)en. Bei den CD-Laufwerken sind die Brushless-Außenläufer seit vielen Jahren Stand der Technik. Sie gehören zu den ersten Produkten, für welche diese Motoren in großer Zahl hergestellt wurden. So schlachtete man die alten Laufwerke aus und bewickelte die gefundenen Statornuten neu oder reihte gleich mehrere Blechpakete hintereinander.

An dieser Stelle möchte sich der Autor auf die Beschreibung von zwei typischen Außenläufern beschränken, auf den 6N8P und auf den oben auf den Bildern 14 und 15 dargestellten 12N14P.

Der 6N8P-Außenläufer

Dieser Motor wird auch ‚Mini-LRK' genannt. ‚LRK' sind die ersten Buchstaben der Nachnahmen von Christian Lucas, Ludwig Retzbach und Emil Kühfuss.

Wendet man sich einmal der Frage zu, wie viele Nuten denn für einen Brushless-Motor sinnvoll sind, dann findet man leicht heraus, dass es immer ganzzahlige Vielfache von drei sein müssen. Es gibt ja schließlich nach dem Kapitel 2.1 drei Leiter, welche zum Motor führen und wenn man eine Symmetrie einbringen möchte, muss dies der einzige Schluss sein. Im Modellbau werden heute fast alle Typen von ganzzahligen Vielfachen von drei, vom 6-Nuter bis hin zum etwa 27-Nuter gebaut, in den verschiedensten Bauformen und Leitungsklassen.

Der 6N8P hat also nach der obigen Beschreibung sechs Nuten im Stator und acht Permanentmagnetpole auf dem Rotor. Bild 16 zeigt ihn im Querschnitt mit dem dazu gehörenden Strom-/Zeit-Diagramm. Selbstverständlich liegt auch diesem Motor das Wirkprinzip der Kraftwirkung auf einen stromdurchflossenen Leiter im Magnetfeld zugrunde.

Es wäre für einen solchen Motor recht schwierig, dieses Wirkprinzip zum Verständnis anzuwenden, da mehr Wicklungen und auch mehr Pole vorhanden sind als beim Beispiel des Innenläufers vom letzten Kapitel. Aus diesem Grunde wird hier ein anderer Weg zur Erklärung verfolgt. Die Feldlinien aller Permanentmagnete und diejenigen aller Leiter überlagern sich und es entstehen daraus resultierend neue Feldlinien. Dies wurde bereits beim Kapitel 2.2 so besprochen, als die resultierenden Feldlinien in Bild 10 links vom Leiter dichter, rechts vom Leiter jedoch weniger dicht standen und so die Kraftwirkung auf ihn verursachten. Das Verständnis über die Kraftwirkung kann mit der umgekehrten Überlegung auch so verstanden werden, dass die resultierenden Feldlinien einerseits ihren Weg, welchen sie über die Luft zurücklegen, wegen des größeren magnetischen Widerstandes minimieren möchten. Andererseits möchten sie gerne den maximal möglichen Abstand zur nächsten Feldlinie herstellen. Um das alles zu erreichen, ist ihnen auch das Mittel, einen Leiter mit einer Kraft wegzudrücken, recht.

Bei der Situation in Bild 16 fließt durch den roten Leiter der Maximalstrom, währenddessen durch den grünen und den blauen Leiter der halbe negative Maximalstrom fließt. So prägen sich beim oberen und unteren Statorjoch (so nennt man das, wo eben nicht die Nut ist, sondern das Eisen) jeweils elektrische Nordpole aus. Die vier links oben, links unten, rechts oben und rechts unten liegenden Joche erhalten elektrische Südpole von der halben Intensität.

Diese Pole ziehen jetzt die Nord- bzw. Südpole des Rotors an. Dies ist auch mit den Feld-

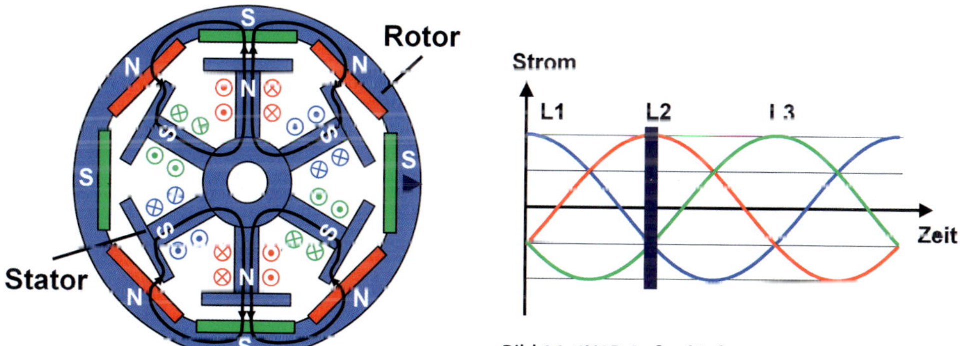

Bild 16: 6N8P-Außenläufer.

linien untermauert. Durch die beiden starken Nordpole des Stators führen zwei Feldlinien. Sie teilen sich im Rotoreisen auf und es wird jeweils eine über das linke und rechte Nachbarjoch zu den jeweils halb so starken Südpolen zurückgeführt.

Es ist hier ein Gleichgewicht gezeigt, der Rotor dreht sich weder nach links noch nach rechts. Möchte man ihn aber auf eine Seite wegdrehen, dann übt der Stator eine Kraft auf ihn aus und möchte ihn wieder zurückziehen.

Bild 17 zeigt einen Zustand, bei welchem zwar bereits das Strom-/Zeit-Diagramm von Bild 16 gilt, der Rotor jedoch noch um 10° hintennach hinkt. Die magnetischen Feldlinien haben hier den Luftspalt noch nicht minimiert, der Stator zieht den Rotor deshalb im Uhrzeigersinn mit. Die beiden eingezeichneten Kräfte bei den Südpolen oben und unten sind dabei die stärksten, doch auch die anderen Rotormagnete erfahren Kräfte in dieselbe Richtung. Damit der Motor also überhaupt ein Drehmoment liefern kann, muss der Rotor leicht ‚hintennach hinken'. Sobald er ja wie in Bild 16 nicht mehr hintennach hinkt, sind die Kräfte und damit das Drehmoment Null. Es ergibt sich folgender Merksatz:

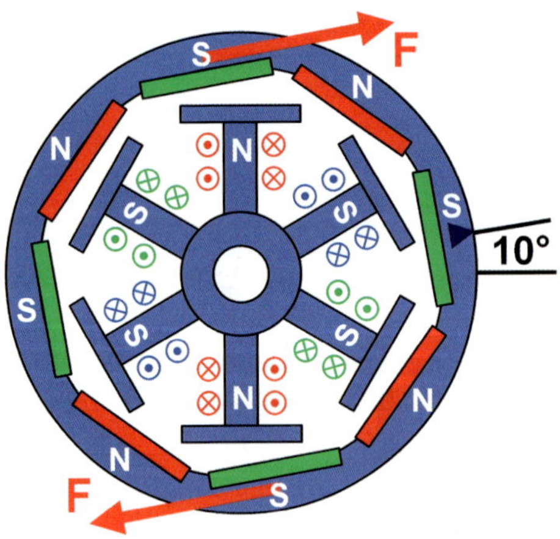

Bild 17: ‚Hintennachhinkender' Rotor.

Der Rotor eines Brushless-Motors dreht sich synchron mit dem Stromverlauf. Erzeugt er ein Drehmoment, hinkt er dem Stromverlauf immer leicht hintennach. Dabei hinkt er dem Stromverlauf umso stärker hintennach, je größer das Drehmoment ist.

Wird das Drehmoment zu groß, ist es auch möglich, dass der Motor vom Stromverlauf abgehängt wird. Man sagt dann auch, der Motor falle außer Tritt. Damit dies unter keinen Umständen passieren kann, benötigt der Brushless-DC-Regler eine Information über die Rotorlage. Dies wird in Kapitel 4 noch eingehend beschrieben.

Bei so vielen Permanentmagneten auf dem Rotor und so vielen Statornuten stellt sich jetzt aber die Frage, ob denn der Rotor bei einem Wechselstromverlauf über 360° auch eine volle Umdrehung hinter sich bringt, wie das beim im letzten Kapitel behandelten Innenläufer und bei der Besprechung des Wirkprinzips der Fall war.

Bild 18 zeigt den Motor mit den momentanen Strömen 120° später. Durch den grünen Leiter fließt jetzt der Maximalstrom, der rote und der blaue Leiter führen den halben negativen Maximalstrom. Entsprechend prägen sich bei den beiden Jochen mit den grünen Leitern starke Nordpole und bei allen anderen weniger starke Südpole aus. In allen Beispielen, welche bis jetzt behandelt wurden, hatte sich der Rotor jeweils um denselben Winkel gedreht, wie auch der Strom. Vergleicht man die Bilder 16 und 18, und sieht sich die dunkelblaue Markierung am rechten Rand des Rotors an, so bemerkt man, dass sich der Rotor jetzt nur um 30° gedreht hat. Die Feldverläufe sind wieder exakt dieselben, es ist jedoch im Unterschied zu den obigen Beispielen so, dass sich nicht dieselben Südpole zu den neuen Nordpolen gedreht haben, sondern diejenigen, welche schon vorher dem Stator mit dem grünen Leiter am nächsten waren. Dieses Untersetzungsverhältnis kann auch mit einer Formel erfasst werden:

$$i = \frac{Stromfrequenz}{Drehfrequenz} = \frac{Permanentmagnetpole}{2}$$

Auf den 6N8P angewendet ergibt sich ein Untersetzungsverhältnis von 4. Damit der Motor sich einmal um seine Achse drehen kann, muss der Strom insgesamt vier Perioden, gleich 4 × 360° durchlaufen. Diese Formel gilt jedoch auch für die Prinzipskizze der Brushless-Motoren von Kapitel 2.1, und gleichermaßen für den in Kapitel 2.3 besprochenen Innenläufer. Diese Motoren besitzen ja nur einen Permanentmagneten mit je einem Nord- und Südpol, zwei Pole also. Ihr Untersetzungsverhältnis ist somit 1, die Stromfrequenz ist gleich groß wie die Drehfrequenz.

Obige Formel ist aber auch auf den zweiten Blick fast schon sensationell, was die Eigenschaften der Brushless-Außenläufer angeht. Weil der Rotor außen läuft, ist das Drehmoment größer und weil auf dem Rotor wegen des größeren Durchmessers auch noch mehr Permanentmagnete Platz finden, ist die Drehfrequenz (die Drehzahl) auch noch kleiner als die Stromfrequenz.

Das ist ein elektronisches Getriebe. Es wäre also mit auf die Anwendung ausgelegten Spezialantrieben möglich, auf mechanische Getriebe gänzlich zu verzichten. Brushed-Motoren mit Getriebe weisen nur schon wegen des Prädikats ‚Brushed' einen tieferen Wirkungsgrad auf. Kommt zusätzlich ein Getriebe hinzu, was für die meisten Anwendungen der Fall ist, verkleinert sich der Wirkungsgrad noch einmal um 10 %. Außerdem bringt das Getriebe auch zusätzliches Gewicht auf die Waage. All dies zusammen macht den Erfolg des Brushless-Außenläufers aus.

Allerdings lässt sich dieses Getriebe nicht ohne Weiteres auf beliebig hohe Untersetzungen steigern. Einerseits steigen wegen der hohen Frequenz des Drehstromes die Verluste sowohl im Motor als auch im Regler an. Andererseits treten bei vielpoligen Rotoren auch vermehrt Streuflüsse auf, weil die Dichte der sich abwechselnden Nord- und Südpole dann zu groß wird und sich auch unerwünschte Feldlinien direkt zwischen benachbarten Nord- und Südpolen ergeben. In der Praxis bewegen sich die mechanischen Getriebe im Modellbau jedoch meistens zwischen 1:2 und 1:20. Dies kann mit den realisierbaren elektronischen Getrieben von Brushless-Motoren in etwa abgedeckt werden.

Der 12N14P-Außenläufer

Es würde den Rahmen dieses Buches sprengen, alle Variationen der vorkommenden Au-

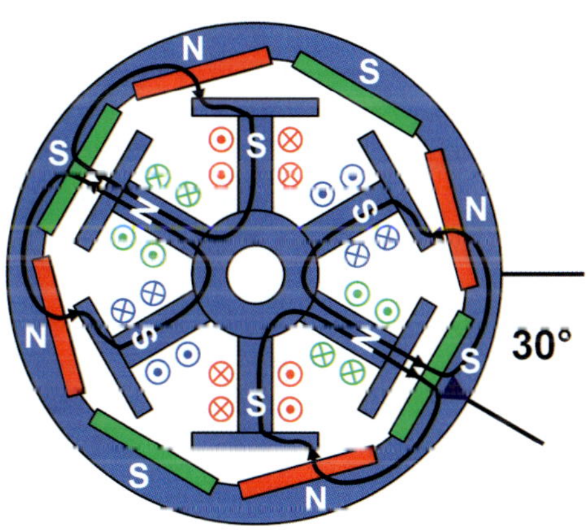

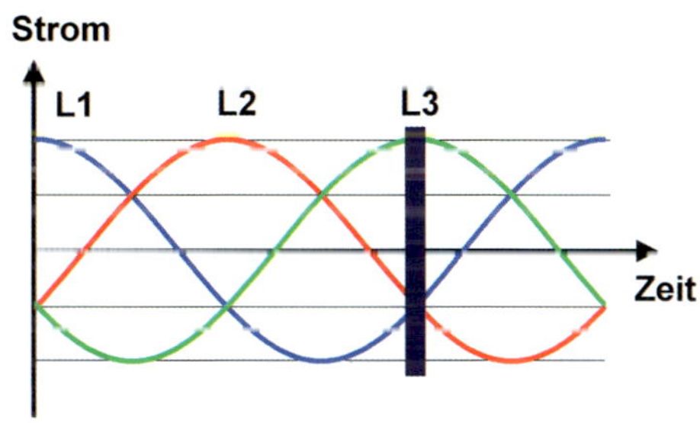

Bild 18:
6N8P-Außenläufer, Stromverlauf 120° später.

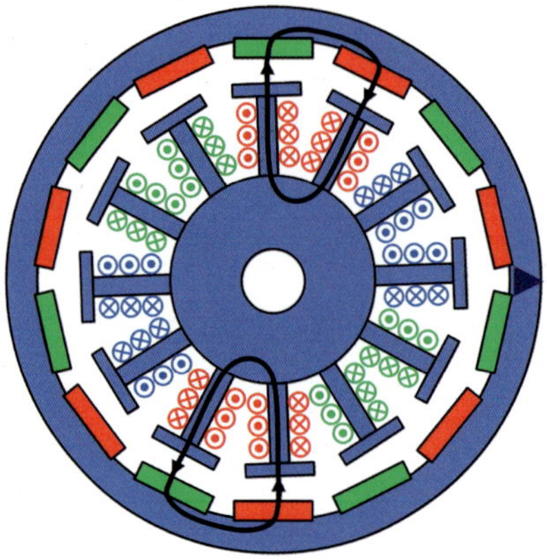

Bild 19:
12N14P-Außenläufer, Maximalstrom roter Leiter.

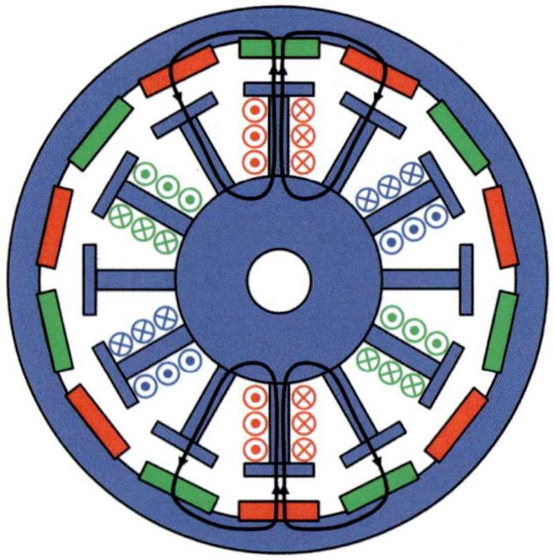

Bild 21:
12N14P-Außenläufer mit LRK-Bewicklung.

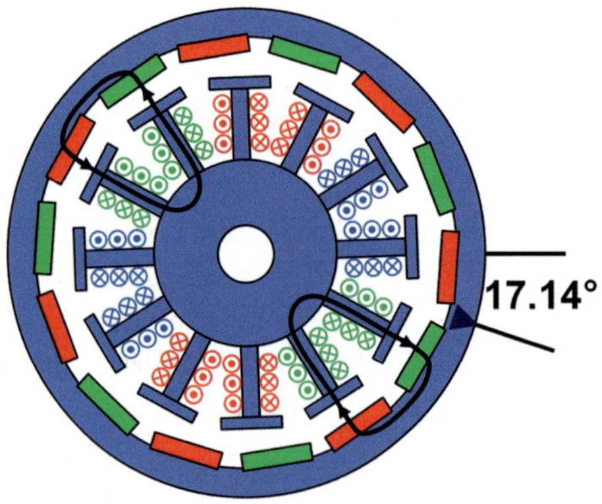

Bild 20:
12N14P-Außenläufer, Maximalstrom grüner Leiter.

ßenläufer zu besprechen. Deshalb soll an dieser Stelle nur noch ein sehr häufig anzutreffender Vertreter, der 12N14P von Bild 14 und 15 diskutiert sein.

Die Standardwicklung ist die sogenannte verteilte Wicklung. Sie wird in Bild 19 dargestellt. Ein Leiter wird jeweils mit obigem Wickelsinn um zwei benachbarte Statorjoche gewickelt, bevor er um die zwei gegenüberliegenden Joche gewickelt wird. Die vier Teilwicklungen stellen die gesamte Wicklung dar. So prägt sich auf jeder Seite je ein Nord- und ein Südpol aus. Die Feldlinien schließen sich um die Süd- und Nordpole der Permanentmagnete auf den Rotoren. Es wurde etwas vereinfachend nur der Feldverlauf ausgehend vom roten Leiter, welcher in diesem Beispiel den Maximalstrom führt, gezeichnet. Auch hier handelt es sich wieder um den stabilen Fall, bei welchem sich der Rotor weder nach links, noch nach rechts drehen kann. Man erinnere sich, dass der Rotor im Lastfall wieder leicht hinterherhinkt.

Auf Bild 20 ist derselbe Motor zu sehen, 120° später führt nun der grüne Leiter den Maximalstrom. Das Übersetzungsverhältnis ist nach obiger Formel 14 / 2 = 7. Wenn sich der Strom um 120° dreht, dann dreht sich der Rotor eben nur um 120° / 7 = 17,14°.

Auch hier wurde wieder nur der Verlauf der vom Strom durch den grünen Leiter verursachten Feldlinien gezeichnet. Es fällt indes auf, dass sich die Feldlinien hier immer nur über die Joche von der eigenen Wicklung schließen.

Es gibt aber auch für den 12N14P eine LRK-Bewicklung. Sie ist auf Bild 21 zu finden. Der Unterschied zur verteilten Wicklung ist hier, dass nur jedes zweite Statorjoch bewickelt wird. Auf den ersten Blick könnte man meinen, das sei eine Verschwendung von Eisen, da die nicht bewickelten Joche ja gar nichts nützen. Das ist aber nicht so, selbstverständlich sind die nicht bewickelten Joche wichtig und zwar für die Führung des magnetischen Feldes. Die Feldlinien schließen sich wieder so, wie es von der Mini-LRK-Wicklung her bekannt ist. Sie teilen sich im Rotor auf und verlaufen über das jeweils linke und rechte Joch zurück. Die nicht bewickelten Joche führen auch die Feldlinien von der Nachbarwicklung zurück (hier nicht eingezeichnet).

Rastmoment

Im letzten Kapitel wurde ein Innenläufer mit einer eisenlosen Wicklung oder Luftspaltwicklung behandelt. Es wurde dort am Ende erwähnt, dass diese aufgrund der völligen Symmetrie kein Rastmoment aufweisen. Selbstverständlich gibt es auch Innenläufer, welche bewickelte Nuten besitzen, und alle oben behandelten Außenläufer haben diese ebenfalls. In diesem Fall ziehen sich der Permanentmagnet und das Statorjoch auch im stromlos angenommenen Fall an. Wenn der Permanentmagnet genau über dem Joch liegt, wie das beispielsweise in Bild 16 zu sehen ist, möchte er sich weder in die eine noch in die andere Richtung von ihm weg bewegen. Wer einen solchen Motor dreht, bemerkt, dass er sich nicht gleichmässig drehen lässt, sondern über die Umdrehung immer wieder einrastet. Im normalen Betriebsfall, wenn der Motor Leistung abgibt, wird das Rastmoment dem über die ganze Umdrehung konstanten Drehmoment des Motors überlagert. So dreht er sich leicht schneller, wenn der Permanentmagnet kurz vor dem Joch steht und leicht langsamer, wenn er sich kurz nach dem Joch befindet. Diese Drehmomentschwankung bewirkt jedoch umgekehrt nach Kapitel 2.2. auch, dass der Strom in der Wicklung und der magnetische Fluss im Eisen leicht schwanken. Dies führt zu leicht größeren Verlusten und drückt leicht auf den Wirkungsgrad.

2.5 Sternbewicklung und Dreieckbewicklung

Bei den Motorskizzen auf den vorangehenden Seiten gibt es immer drei Wicklungen, welche mit den drei Zuleitungskabeln verbunden werden.

Doch eine Wicklung hat ja zwei Enden, und bei deren drei ergeben sich insgesamt sechs Enden. Um diese sechs Enden sinnvoll mit den drei Zuleitungskabeln zu verbinden, gibt es nach Bild 22 die Möglichkeit der Stern- oder der Dreieckbeschaltung. Bei der Sternschaltung ist das eine Ende der Wicklungen immer mit einem der Leiter verbunden. Die anderen drei Enden sind alle miteinander verbunden. Die-

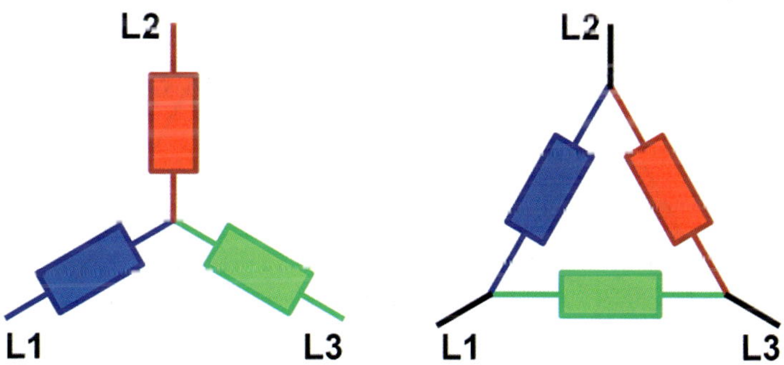

Bild 22: Sternbeschaltung (links), Dreieckbeschaltung (rechts).

ser Verbindungspunkt heißt ‚Sternpunkt'. Er ist meistens von außen nicht zugänglich. Bei der zweiten Wicklungsart, der Dreieckbeschaltung, sind jeweils zwei Enden von zwei Wicklungen zusammen mit einem Zuleitungskabel verbunden.

Bei der Diskussion über die Unterschiede der beiden Beschaltungsarten muss zuerst die Frage geklärt werden, ob es denn so in jedem Falle gewährleistet ist, dass die drei Wicklungen jeweils um 120° phasenverschobene Ströme führen. Dies war ja weiter oben die Voraussetzung für die korrekte Funktion. Eine Diskussion von Bild 22 klärt diese Frage. Die drei Zuleitungen der um 120° phasenverschobenen Signale können bildlich auch so dargestellt werden, dass sie ein gleichseitiges Dreieck bilden. Aus Symmetriegründen ergibt sich dann sowohl für die Stern- als auch die Dreieckbeschaltung, dass die roten, grünen und blauen Wicklungen im Bild jeweils ebenfalls um 120° versetzt zueinander stehen. Mit der umgekehrten Überlegung heißt das aber, dass auch die Spannungen und Ströme dieser Wicklungen jeweils um 120° zueinander versetzt sind. Die korrekte Funktion des Brushless-Motors ist also in beiden Fällen gewährleistet.

Die beiden Beschaltungsarten sind jedoch nicht gleichwertig. Bild 23 zeigt sie links übereinander gezeichnet. Dadurch ergeben sich drei jeweils gleichschenklige Dreiecke mit einem 120°-Winkel zwischen den Schenkeln. Die beiden Schenkel repräsentieren dabei die Spannung über einer Wicklung bei der Sternschaltung. Die dritte Seite steht für die Spannung einer Wicklung bei der Dreieckbeschaltung. Mit etwas Trigonometrie lässt sich herausfinden, dass die dritte Seite um $\sqrt{3}$ größer ist als die beiden Schenkel. Daraus ergibt sich folgende Formel:

$$U_{Dreieck} = \sqrt{3} \cdot U_{Stern}$$

Was das genau für Auswirkungen auf die Eigenschaften des Motors hat, wird im Kapitel 3 behandelt.

Wickelschema

Bei einem Motor mit vielen Nuten werden die roten, grünen und blauen Wicklungen auf diese verteilt. Das ist bei den behandelten Beispielen, sowohl beim 6N8P in Bild 16 als auch beim 12N14P in Bild 19 zu sehen. Bild 24 zeigt, wie die einzelnen Wicklungen miteinander verschaltet werden.

Als Beispiel ist ein ‚12-Nuter' in Sternschaltung zu sehen. Die einzelnen Wicklungen sind als Widerstände (allgemeiner: Impedanzen) dargestellt und werden hier in Serie geschaltet. Auf den Wicklungssinn, also ob im Uhrzeiger- oder Gegenuhrzeigersinn gewickelt werden soll, muss peinlichst geachtet werden. Man kann diesen beispielsweise aus einer Darstellung entsprechend Bild 19 herauslesen. Die Leiter mit einem

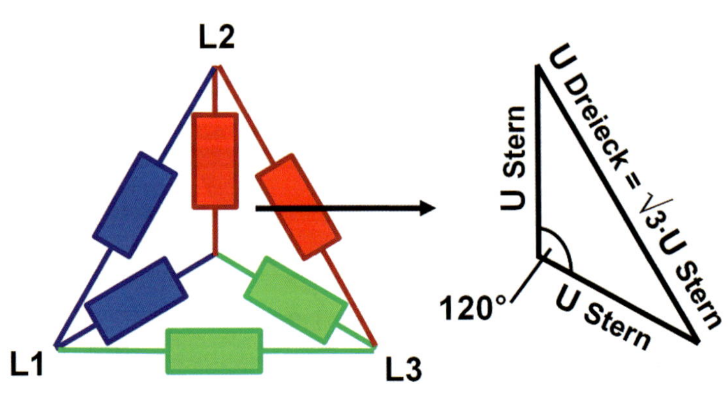

Bild 23: Spannungen bei Stern- und Dreieckbeschaltung.

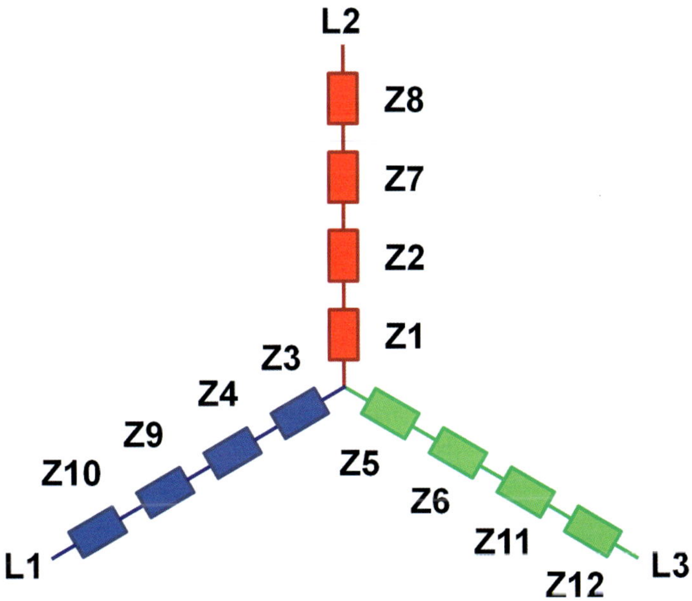

Bild 24:
Wickelschema eines
12-nutigen Stators
in Sternschaltung.

Punkt im Querschnitt kommen ja aus dem Bild heraus und diejenigen mit einem Kreuz führen ins Bild hinein. Alternativ kann man auch eine Wicklungstabelle zur Hand nehmen.

Wicklungstabelle

Es gibt viele verschiedene oftmals zueinander gleichwertige Bewicklungsarten. Viele von diesen und auch Vergleiche untereinander sind im Internet zu finden. An dieser Stelle soll jedoch eine Kurztabelle für die gängigen Typen dargestellt und erklärt werden. Oftmals werden die hier aus Gründen der Übersichtlichkeit blau, rot und grün dargestellten Wicklungen mit den Buchstaben A, B und C bezeichnet. Das gilt für eine Wicklung im Uhrzeigersinn. Für eine Wicklung im Gegenuhrzeigersinn werden die Kleinbuchstaben a, b und c verwendet. Die beiden Orientierungen dürfen auch vertauscht sein. Somit ist auch nicht wichtig, wie man den Stator bei der Orientierungsfindung hält. Er muss danach einfach immer gleich gehalten werden. Es ist auch nicht wichtig, ob die Nutenzähne im Uhrzeiger- oder Gegenuhrzeigersinn gezählt werden. Das hat lediglich einen Einfluss auf die Drehrichtung. Diese kann einfach wieder umgedreht werden, indem man zwei der drei Phasen miteinander vertauscht. (s. Tabelle)

Das heißt, dass die Wicklung A beim Zahn 1 begonnen wird und danach mit demselben Wicklungssinn im Zahn 4 weitergeführt wird. Gleich wird mit Wicklung B (Zähne 2 und 5) und Wicklung C (Zähne 3 und 6) verfahren. So entsteht bei jedem Zahn ein Drahtende, insgesamt sind es deren sechs. Es gilt weiter:

- Sternbewicklung: Drähte 1, 2 und 3 verbinden, Anschlüsse: 4, 5 und 6
- Dreieckbewicklung: Drähte 1 und 6 verbinden, Drähte 2 und 4 verbinden, Drähte 3 und 5 verbinden, Anschlüsse: die drei Verbindungsstellen

Tabelle 1: 6-nutiger Stator (Bsp. 4-Pol Motor oder 8-Pol Motor)

Nutenzahn	1	2	3	4	5	6
Wicklung	A	B	C	A	B	C

Tabelle 2: 9-nutiger Stator (Bsp. 12-Pol Motor)									
Nutenzahl	1	2	3	4	5	6	7	8	9
Wicklung	A	B	C	A	B	C	A	B	C

- Auch hier sind am Ende sechs Drahtenden übrig, bei den Zähnen 1, 2, 3, 7, 8, 9. Bei den Zähnen 4, 5 und 6 bleibt kein Drahtende übrig.
- Sternbewicklung: Drähte 1, 2 und 3 verbinden, Anschlüsse: 7, 8 und 9.
- Dreieckbewicklung: Drähte 1 und 9 verbinden, Drähte 2 und 7 verbinden, Drähte 3 und 8 verbinden, Anschlüsse: die drei Verbindungsstellen.

Tabelle 3: 12-nutiger Stator (Bsp. 10-Pol Motor oder 14-Pol Motor)												
Nutenzahl	1	2	3	4	5	6	7	8	9	10	11	12
Wicklung	A	a	b	B	C	c	a	A	B	b	c	C

- Die sechs Drahtenden sind bei den Zähnen 1, 3, 5, 8, 10, 12 zu finden.
- Sternbewicklung: Drähte 1, 3 und 5 verbinden, Anschlüsse: 8, 10 und 12.
- Dreieckbewicklung: Drähte 1 und 12 verbinden, Drähte 3 und 8 verbinden, Drähte 5 und 10 verbinden, Anschlüsse: die drei Verbindungsstellen.
- Am Ende soll auch noch der 12-nutige LRK-Motor sein Wickelschema erhalten:

Tabelle 4: 12-nutiger Stator LRK (Bsp. 10-Pol Motor oder 14-Pol Motor)												
Nutenzahl	1	2	3	4	5	6	7	8	9	10	11	12
Wicklung	A	-	b	-	C	-	a	-	B	-	c	-

- Die sechs Drahtenden sind bei den Zähnen 1, 3, 5, 7, 9, 11 zu finden.
- Sternbewicklung: Drähte 1, 3 und 5 verbinden, Anschlüsse: 7, 9 und 11.
- Dreieckbewicklung: Drähte 1 und 11 verbinden, Drähte 3 und 7 verbinden, Drähte 5 und 9 verbinden, Anschlüsse: die drei Verbindungsstellen

Skineffekt

Bei vielen Motorwicklungen wird jeweils nicht nur ein Draht gewickelt, sondern es werden mehrere parallel geführt. Man mag sich fragen, ob es denn nicht einfacher wäre, einen einzelnen dickeren Draht zu nehmen, welcher den gleichen Querschnitt aufweist, wie alle parallel geschalteten Drähte zusammen. Ein genügend großer Querschnitt ist nämlich deshalb wichtig, weil der Wicklungswiderstand und so auch die Wicklungsverluste dann kleiner werden.

Der Skineffekt sorgt dafür, dass bei Wechselstrom mehrere kleinere parallel geführte Drahtquerschnitte eben einen kleineren Wicklungswiderstand aufweisen als ein einzelner großer Drahtquerschnitt. Bild 25 zeigt, was innerhalb eines Leiters passiert.

Jeder Strom verursacht ein magnetisches Feld im Leiter, hier blau dargestellt. Bei einem Wechselstrom ist also auch das magnetische Feld ein Wechselfeld und dieses verursacht (man sagt in der Fachsprache auch ‚es induziert') selbst wiederum Ströme im Leiter. Werden jetzt alle Ströme, der unten im Bild dargestellte ‚Hauptstrom' und die induzierten Ströme einander überlagert, so sieht man, dass die Pfeilrichtungen ganz im Inneren des Leiters einander entgegengesetzt sind, währenddessen sie weiter außen in dieselbe Richtung zeigen. In der Mitte wird

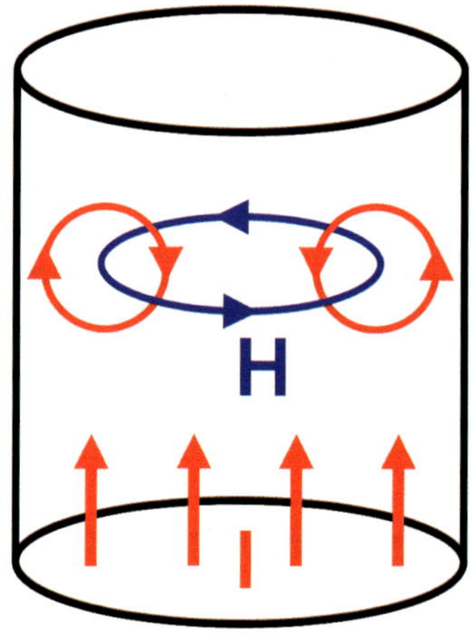

Bild 25: Skineffekt.

der resultierende Strom also abgeschwächt, außen wird er vergrößert. Man sagt dazu auch, es finde eine Stromverdrängung nach außen statt.

Das heißt nichts anderes, als dass bei einem Leiter nur die äußeren Schichten zum Stromfluss beitragen und die Mitte nichts oder viel weniger beiträgt. Da so nicht mehr der ganze Querschnitt zur Leitung des Stromes beitragt, wird auch der für die weiteren Berechnungen relevante Wicklungswiderstand größer.

Ein Maß für die Stromverdrängung ist die sogenannte ‚Eindringtiefe', δ. Sie beschreibt, auf welcher Dicke von der Außenseite des Leiters her gemessen der größte Teil des Stromes fließt. Es gibt verschiedene Parameter, welche δ beeinflussen. Wichtig ist dabei, dass neben dem Material eben auch die Frequenz des Wechselstromes eine Rolle spielt. Für das Leitermaterial Kupfer lassen sich folgende Werte finden:

f = 50 Hz:	δ = 9,40 mm
f = 1 kHz:	δ = 2,10 mm
f = 10 kHz:	δ = 0,66 mm

Man könnte auf den ersten Blick meinen, das sei ja für Elektromotoren gar nicht relevant, da einerseits die Drähte sowieso schon dünn und andererseits die Frequenzen nicht so hoch sind. Für die Zusammenhänge in Kapitel 2.4 soll dazu eine kleine Überschlagrechnung durchgeführt werden: Zieht man den 12N14P-Außenläufer von Bild 19 als Beispiel heran und denkt sich, dass ein typischer Vertreter bei 10 V etwa 10.000 U/Min macht, dann ergibt sich als Frequenz des Stromes f = 10.000 / 60 × 7 = 1.167 Hz. 10.000 muss durch 60 geteilt werden, weil die Frequenz ‚pro Sekunde' und nicht ‚pro Minute' definiert ist. Weil der Wechselstrom bei einem 14-poligen Außenläufer wegen des elektronischen Getriebes 14 / 2 = 7 mal schneller oszilliert als der Rotor, muss das Resultat noch mit 7 multipliziert werden. Die Eindringtiefe liegt also etwa bei 2 mm im Vergleich mit den obigen Werten. Bei einem Leiterdurchmesser von vielleicht 0,4 mm würde man das eben schon merken und es ist deshalb besser, dafür mehrere gegeneinander isolierte Leiter mit kleinerem Querschnitt parallel zu wickeln. Wird ein einzelner Draht durch mehrere parallel verlaufende dünnere ersetzt, muss die Summe von deren Querschnittflächen gleich sein, wie die Querschnittfläche des einzelnen Drahtes. Da die Querschnittfläche proportional zum Quadrat des Durchmessers ist, gelten die Werte in Tabelle 5. Es wird dabei angenommen, der einzelne Draht habe einen Durchmesser von 1 mm. Bei größeren oder kleineren Durchmessern vergrößert oder verkleinert sich der Durchmesser von mehr Leitern proportional. (s. Tabelle 5)

Tabelle 5: Kupferlackdrähte

Ersatz eines 1-mm-Kupferlackdrahtes durch mehrere Einzeldrähte					
1 Draht	2 Drähte	3 Drähte	4 Drähte	5 Drähte	6 Drähte
1 mm	je 0,71 mm	je 0,58 mm	je 0,5 mm	je 0,45 mm	je 0,41 mm

Selbstverständlich sind die Durchmesser von Kupferlackdrähten ab Stange nicht in Hundertstel-Millimeterabstufungen erhältlich. Gängige Größen sind Abstufungen in fünf Hundertsteln, also 0,1 mm, 0,15 mm, 0,2 mm, 0,25 mm, ... Um einen kleinen Wicklungswiderstand zu erreichen ist es ratsam, vom berechneten Wert jeweils auf die nächste Abstufung aufzurunden und zu hoffen, die Wicklung sei dann für die Nut nicht zu dick.

2.6 Erkenntnisse in Kurzform

Zum besseren Verständnis werden die wichtigsten Erkenntnisse aus dem Kapitel 2 noch einmal zusammengefasst:

Ein Brushless-Motor hat drei Zuleitungen. Diese führen Wechselströme, welche jeweils um 120° zueinander phasenverschoben sind. Der Rotor dreht sich synchron zur Frequenz von diesen Wechselströmen.

Der Brushless-Motor beruht auf dem Prinzip der Kraftwirkung auf einen stromdurchflossenen Leiter. Es folgt der Formel: F = B · I · L. Dabei ist B die vom Permanentmagneten hervorgerufene Induktion, I ist der Strom und L die Länge, auf welcher sich der Leiter im Magnetfeld befindet.

Die Drehzahl des Rotors wird gegenüber der Frequenz der Wechselströme um den Faktor ‚Pemanentagnetpole/2' untersetzt. Insbesondere Außenläufer mit vielen Polen haben auf diese Weise ein elektronisches Getriebe integriert. Dies verkleinert die Drehzahl und vergrößert das Drehmoment. Für viele Anwendungen ist das ideal.

Der Erfolg der Brushless-Motoren beruht auf einem sehr hohen Wirkungsgrad und einem geringen Verschleiß. Dies hat zwei Gründe: Es entfallen die Bürsten und damit das größte Verschleißteil der DC-Motoren. Damit entfällt auch die den Wirkungsgrad mindernde Reibung zwischen Bürsten und Rotor.
Das elektronische Getriebe von mehrpoligen Rotoren ersetzt oftmals ein den Wirkungsgrad minderndes mechanisches Getriebe, da Drehzahl und Drehmoment bereits bei der Motorwelle an die Anwendung angepasst ist.

Es gibt zwei Bewicklungsarten für einen Brushless-Motor: die Stern- und die Dreieckbewicklung. Sie sind nicht gleichwertig. Bei einem im Dreieck bewickelten Motor ist die Spannung über der Wicklung um $\sqrt{3}$ größer als bei einem im Stern bewickelten Motor.

Um die Bewicklung durchführen zu können, bedient man sich eines Wickelschemas oder einer Wicklungstabelle. Dabei muss darauf geachtet werden, dass der angegebene Wickelsinn eingehalten wird. Um den Skineffekt zu vermeiden, wird anstelle von einem dicken Draht oft mit mehreren parallelen dünneren Drähten gewickelt.

3. Kennzahlen des Brushless-Motors

Im letzten Kapitel wurde das Funktionsprinzip der Brushless-Motoren ohne Rechenbeispiele, mit dem Fokus auf die Grundlagen besprochen. Es gibt heute von verschiedenen Herstellern eine Vielzahl von Motoren. Je nach Anwendung muss der Kunde den für seine (Modellbau-) Anwendung richtigen auswählen. Es ist schließlich nicht dasselbe, ob er einen 50 g schweren Indoorflieger motorisieren möchte oder ob er ein Modell bei einen F3A-Flugwettbewerb betreibt. Es ist auch nicht ganz dasselbe, ob er ein großes Modellauto oder ein kleines Boot besitzt. Als Hilfestellung stehen bei den Datenblättern der Motoren immer einige Kennzahlen. Die wichtigsten sind dabei die Drehzahl pro Minute und Volt (kV), ein Vorschlag für die (LiPo-) Zellenzahl sowie Stromaufnahme und Wirkungsgrad. Daraus kann schon einmal die Leistung an der Welle berechnet werden. Führen die Datenblätter noch etwas weiter, sind auch noch der Wicklungswiderstand, die ‚Turns', die Stromaufnahme bei maximalem Wirkungsgrad, die Stromaufnahme im Leerlauf oder die Erwärmung aufgelistet.

Das vorliegende Kapitel 3 bespricht diese Kennzahlen basierend auf den Erkenntnissen des letzten Kapitels 2. Dabei werden einerseits die Zusammenhänge zwischen den verschiedenen Größen aufgezeigt; andererseits werden Beispiele mit Motoren aus der Praxis durchgerechnet und durch Messungen verifiziert.

3.1 kV, U/(MinV), rpm/V

Eine der wichtigsten Kenngrößen ist diejenige, welche unter den Bezeichnungen im Titel bekannt ist. Die drei Begriffe bedeuten dasselbe, nämlich wie groß die Drehzahl des Motors im Leerlauf pro angelegtem Volt ist. U/(MinV), gelesen: ‚Umdrehungen pro Minute und Volt' heißt auf Englisch übersetzt ‚rotations per minute per Volt, rpm/V'. Die kürzeste Bezeichnung, kV bedeutet einfach einen Verstärkungsfaktor k für die Spannung in Volt. Die Einheit ist dieselbe wie bei den beiden anderen. Da aus dem letzten Kapitel bekannt ist, dass die Zuleitungsströme und damit auch die Zuleitungsspannungen Wechselspannungen sind, stellt sich jetzt die Frage, welche Spannung denn jetzt gemeint sein könnte. Die Drehzahl eines Motors ist ja im Betrieb meistens konstant, also keine Wechselgröße. In Kapitel 1 wurde jedoch schon erwähnt, dass die Kombination von Motor und Regler immer eine Einheit bildet. Mit ‚pro Volt' ist diejenige Gleichspannung gemeint, welche am Eingang eines als verlustlos angenommenen Reglers anliegt, also typischerweise die Akkuspannung.

Beispiel 1:

Der Regler eines robbe Roxxy-Motors 2827-34 mit kV = 760 wird mit einem 3S-LiPo betrieben. ‚3S'-LiPo bedeutet, dass drei Zellen mit je 3,7 V in Serie geschaltet sind. Das ergibt eine Spannung von 11,1 V am Eingang des Reglers. Die Leerlaufdrehzahl (also ohne Last) berechnet sich zu n = 3 × 3,7 V × 760 U/(MinV) = 8.436 U/Min.

Der Motor wird diese Drehzahl nicht ganz erreichen, denn die Reibungsverluste erzeugen auch im Leerlauf ein kleines Lastmoment, welches sich durch einen Leerlaufstrom bemerkbar macht. Für den Moment genügt diese Berechnung jedoch. Diese genauen Zusammenhänge zwischen dem Stromfluss und der Drehzahl werden in den Kapiteln 3.2 und 3.3 diskutiert.

Die Induzierte Gegenspannung U_{EMK}

Streng genommen steht ‚pro Volt' nicht für die Spannung am Eingang, sondern für die vom drehenden Motor induzierte Gegenspannung, die U_{EMK}.

Bild 26 zeigt eine Ersatzschaltung von einer der drei Wicklungen, die sogenannte einphasige Ersatzschaltung. Am Eingang ist die Leiterspannung U_L zu finden. Der Widerstand R und die Induktivität L repräsentieren die Wicklung selbst. Interessant ist aber das, was rechts zu finden ist, die induzierte Gegenspannung U_{EMK}. ‚EMK' steht für Elektro-Magnetische-Kraft. Offenbar erzeugt also der drehende Rotor selbst eine Spannung, welche sich in der Ersatzschaltung wiederfindet. Im idealen Leerlauf, wenn keine Reibung vorhanden wäre, wäre der Leiterstrom I_L = 0. Dies ist aber nur dann der

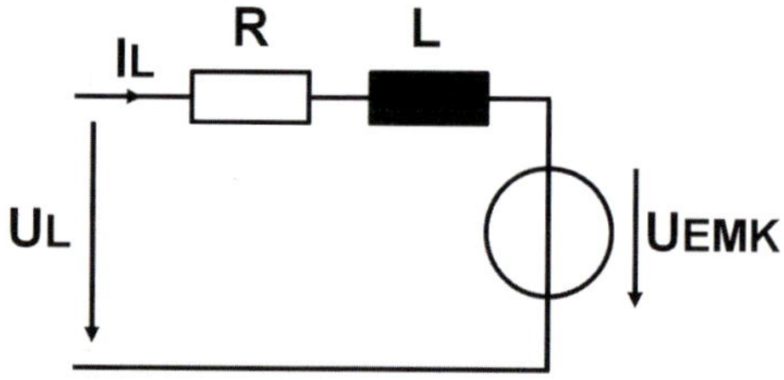

Bild 26:
Ersatzschaltung von einer der drei Wicklungen.

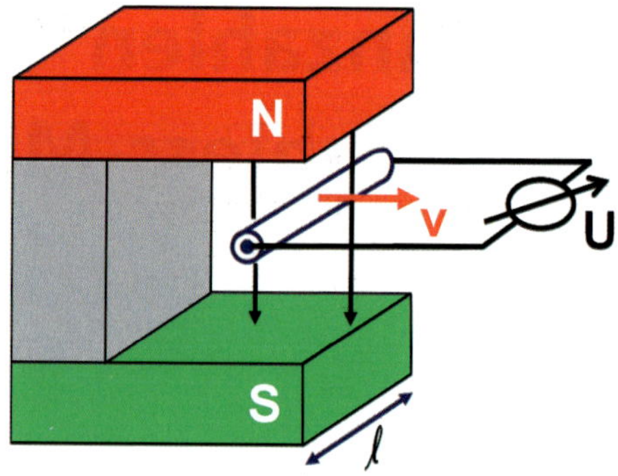

Bild 27:
Induzierte Spannung eines bewegten Leiters im Magnetfeld.

Fall, wenn die Leiterspannung U_L gleich groß ist wie die induzierte Gegenspannung U_{EMK}. Die Berechnung des Parameters kV führt über die Geheimnisse dieser Gegenspannung.

Bild 27 beschreibt die induzierte Spannung eines Leiters im Magnetfeld. Diese Anordnung wurde weiter oben schon einmal gezeigt. Dort ging es um die Kraftwirkung auf einen stromdurchflossenen Leiter. Wenn ein Leiter mit einer Geschwindigkeit v durch ein magnetisches Feld gezogen wird, dann entsteht eine elektrische Spannung, man sagt dann auch, ‚es wird eine Spannung induziert'. Es sind wieder dieselben Theorien wie oben für diesen Effekt verantwortlich. Die Spannung U berechnet sich dabei nach der Formel:

U = B · N · v · L *(Spannung = Induktion × Windungszahl × Geschwindigkeit × Länge)*

Diese Formel soll nachfolgend auf einen real existierenden Motor angewendet werden. Der Hacker A20-22-L hat nach Datenblatt ein kV von 924 U/(MinV). Bild 28 zeigt den 12-nutigen Stator eines solchen Motors.

Es stellt sich zunächst die Frage, ob denn alle Parameter der obigen Formel bei diesem Motor identifiziert werden können. U ist die induzierte Spannung, das ist zunächst einfach. B ist wie schon weiter oben erwähnt die Induktion, welche vom Permanentmagneten erzeugt wird. Um Berechnungen durchführen zu können, muss jetzt auch dieser Wert bekannt sein. Moderne Magnete werden mit dem chemischen Element Neodym (Nd) hergestellt. Sie werden auch ‚seltene Erden' genannt. Der Wert der Induktion beträgt bis zu 1,4 T (Tesla). Das wird auch hier für die Berechnung angenommen. N ist die Anzahl der Windungen. Es können bei diesem Beispiel 22 Windungen pro Wicklung gezählt werden. Die Länge L ist wie eingezeichnet die Statorlänge, sie beträgt etwa 13 mm. Da der Draht auf dem Hin- und dem Rückweg zum Fluss beiträgt, muss in der obigen Formel jedoch mit der doppelten Länge, also einem zusätzlichen Faktor 2 gerechnet werden. Auf dieser Länge befinden sich die Leiter im Magnetfeld, genauso wie es auch in Bild 27 beschrieben ist.

Die Identifikation der Geschwindigkeit v gestaltet sich etwas komplizierter. Da am Ende ja das kV berechnet werden soll, fällt sofort auf, dass der Parameter n, die Drehzahl in U/Min fehlt. Umgekehrt als in Bild 27, bei welchem der Permanentmagnet feststeht und der Leiter sich bewegt, bewegt sich beim realen Motor der Permanentmagnet (er sitzt ja auf der Rotorglocke, vgl. dazu auch Bild 15) und der Leiter steht fest. Das ist jedoch gleichgültig. Es kommt nur auf die Relativbewegung zwischen Permanentmagnet und Leiter an. Die Drehzahl n berechnet sich aus der Geschwindigkeit wie folgt:

$$n = \frac{v}{\pi \cdot D} \cdot 60$$

π × D ist dabei der Umfang. Wenn v in Metern pro Sekunde vorliegt, muss das Ganze noch mit 60 multipliziert werden, da n in U/Min vorliegen soll. Eingesetzt ergibt dies:

$$U = B \cdot N \cdot \frac{n \cdot \pi \cdot D}{60} \cdot 2 \cdot L$$

Bild 28: Induzierte Spannung bei einem realen Motor.

Die Spannung U ist jetzt jedoch erst diejenige Spannung, welche in der Wicklung induziert wird. Sie muss jetzt noch auf die Spannung umgerechnet werden, welche am Eingang des Reglers anliegt, sie soll U_{BAT} genannt sein. Diese ist ja die Batteriespannung und letztlich relevant für die Berechnung des kV. Nimmt man einmal an, dass dort 10 V anliegen, kann der Regler daraus nur eine Wechselspannung mit der halben Maximalspannung, also 5 V herstellen. Eine Wechselspannung schlägt ja ins Positive und ins Negative aus. Weiter liegt beim Berechnungsbeispiel eine Dreiecksbeschaltung vor. Es liegen pro 10 V Batteriespannung also 5 V × √3 = 8,66 V an der Wicklung an. Mit diesen Vorgaben berechnet sich das U_{BAT} zu:

$$U_{BAT} = \frac{1}{0{,}866} B \cdot N \cdot \frac{n \cdot \pi \cdot D}{60} \cdot 2 \cdot L$$

Und nun kann auch das kV berechnet werden!

$$kV = \frac{n}{U_{BAT}} = 0.866 \cdot \frac{60}{\pi \cdot D \cdot B \cdot N \cdot 2 \cdot L}$$

$$kV = 0.866 \cdot \frac{60}{3.1415 \cdot 0.023 \cdot 1.4 \cdot 22 \cdot 2 \cdot 0.013} \frac{U}{MinV} = 898 \frac{U}{MinV}$$

Falls eine Sternschaltung vorliegen würde, wäre der erste Faktor einfach 0,5 anstelle von 0,866. Mit den oben ermittelten Werten ergibt sich daraus oben genannte Formel.

Dieser Wert liegt etwas tiefer als die im Datenblatt angegebenen 924 U/(MinV). Die Werte verschiedener Parameter wurden jedoch nur angenommen, so beispielsweise die Induktion. Außerdem sind auch die Länge und der Durchmesser des Stators nur gemessene Größen.

3.2 Wicklungswiderstand

Als Einleitung zum Kapitel soll eine vereinfachte Ersatzschaltung von einer der drei Wicklungen dienen. Als Unterschied zu Bild 26 wurde hier die Induktivität L weggelassen. Somit wird die Wicklung für alle folgenden Betrachtungen als einfacher Widerstand (eben als Wicklungswiderstand) dargestellt.

Alle Überlegungen im letzten Kapitel wurden unter der Voraussetzung angestellt, dass die induzierte Gegenspannung U_{EMK} und die Leiterspannung U_L gleich groß sind. Für die Berechnung von kV ist das auch korrekt. $U_L = U_{EMK}$ gilt jedoch nur im Leerlauf, wenn der Motor also keine Last antreiben muss. Man stelle dazu folgendes Gedankenexperiment an, für welches ein kleines Grundwissen in Elektrotechnik benötigt wird: Falls $U_{EMK} = U_L$ ist, dann fällt über dem Wicklungswiderstand in Bild 29 auch keine Spannung U_R ab. Da bei jedem Widerstand das Ohm'sche Gesetz gilt (I = U/R), ist dann auch der Strom I_L durch die Wicklung gleich Null.

Selbstverständlich entspricht dieser hypothetische Fall nicht der Praxis. Es gibt nämlich bei jedem realen Motor Reibungsverluste. Sobald solche Verluste existieren, muss auch ein Drehmoment aufgebracht werden, welches diese kompensiert. Genau das lässt dann auch einen kleinen Strom fließen.

Der obige hypothetische Fall ist also in der Realität so, dass der im Leerlauf fließende Strom I_L, welcher nach Bild 29 ja auch durch R_W fließt, über diesem eine Spannung U_R verursacht. Wegen der Kirchhoff'schen Gesetze gilt:

$$U_{EMK} = U_L - U_R$$

Die induzierte Gegenspannung U_{EMK} ist also um den Spannungsabfall über der Wicklung U_R kleiner als U_L. Untersucht man das Beispiel 1 noch einmal mit den neuen Erkenntnissen, so stellt man fest, dass die Leerlaufdrehzahl nicht ganz so hoch ist wie dort berechnet wurde, weil

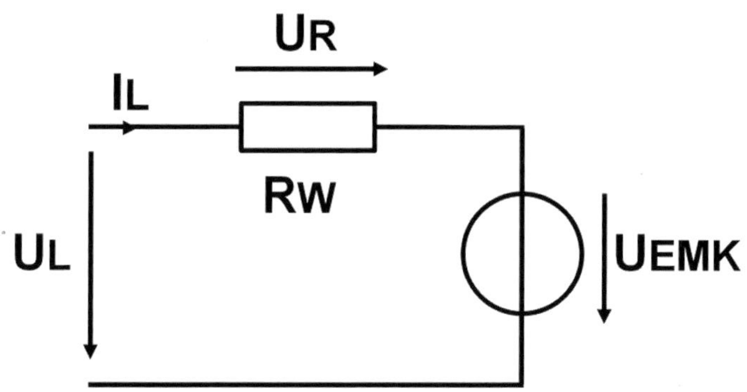

Bild 29: Vereinfachte Ersatzschaltung von einer der drei Wicklungen.

der auch im Leerlauf fließende Strom eben dafür sorgt, dass U_{EMK} etwas kleiner ist. Hier ist auch der Grund dafür zu finden, dass die Drehzahl des Motors unter Last einbricht. Man kann das ganz einfach feststellen, indem man bei einem Motor im Leerlauf die Rotorglocke von Hand bremst. Das Bremsmoment muss mit einem höheren Strom kompensiert werden, was einen größeren Spannungsabfall über der Wicklung U_R verursacht. Das hat wegen obiger Formel wiederum ein kleineres U_{EMK} und damit eine kleinere Drehzahl zur Folge.

Berechnung des Wicklungswiderstandes

Damit mit dem Wicklungswiderstand auch Berechnungen durchgeführt werden können, ist es nötig, dass man diesen auch größenmäßig kennt. Die meisten Hersteller geben ihn auf ihren Datenblättern an.

Der Widerstandswert eines Leiters berechnet sich nach Bild 30 zu R = ρ × Länge / Querschnittfläche. Je dicker also ein Leiter ist, desto kleiner ist der Widerstandswert und je länger er ist, desto größer ist dieser. ρ ist der spezifische Widerstand. Für Kupferdraht kann ein ρ von 17,8 E-3 Ω mm²/m eingesetzt werden.

Die Drahtlänge L von einer Wicklung berechnet sich für ein Praxisbeispiel etwa zu

$$L = 22 \times (2 \times 0{,}017\ \text{m} + 2 \times 0{,}006\ \text{m}) + 0{,}1\ \text{m} = 1{,}112\ \text{m}$$

22 entspricht der Windungszahl, 0,017 m und 0,006 m sind Statorlänge und Wicklungsober- bzw- Unterseite (auch Wickelkopf genannt) mit Zuschlag, weil die Wicklungen ja übereinander liegen. 0,1 m ist eine zusätzliche Länge, weil die Wicklung über mehrere Nuten verteilt ist und der Draht zu diesen geführt werden muss. Die Querschnittfläche A berechnet sich für einen angenommenen Drahtdurchmesser von 0,2 mm zu:

$$A = 4 \times (0{,}1\ \text{mm})^2 \times \pi = 0{,}126\ \text{mm}^2$$

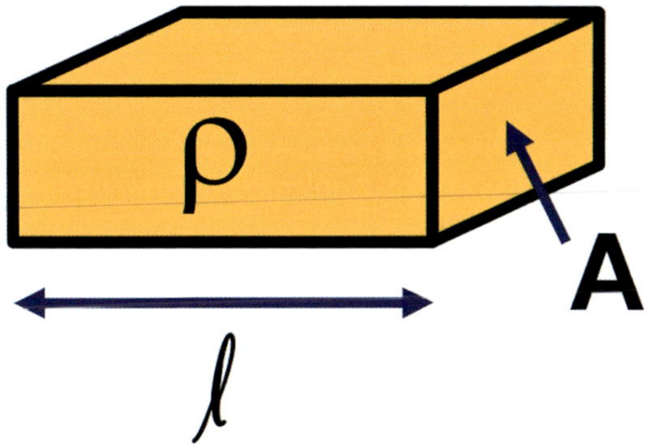

Bild 30:
Widerstand mit Querschnittfläche A und Länge L.

Es wird im Beispiel angenommen, dass der Draht wegen des Skineffektes vierfach parallel geführt wird, deshalb steht die ‚4‘ als Multiplikator. Somit ergibt sich ein totaler Widerstand R = ρ × Länge / Querschnittfläche = 0,157 Ω. Die Berechnungen werden in der Literatur oftmals mit dem einphasigen Ersatzschaltbild von Bild 29 durchgeführt. Dort wird immer von einem Leiter zu Masse (bzw. Sternpunkt) gerechnet, also sollten alle Größen gleichwertig zu einer Sternschaltung sein. Möchte man einen im Dreieck bewickelten Motor auf eine Sternbeschaltung umwickeln und dabei dieselben Leistungsdaten erhalten, so muss man die Anzahl Windungen bzw. die Drahtlänge durch $\sqrt{3}$ teilen und dafür die Querschnittfläche des Drahtes um $\sqrt{3}$ vergrößern, ähnlich, wie das schon bei Bild 23 mit den Spannungsverhältnissen diskutiert wurde. Da die Drahtlänge L bei der Widerstandsberechnung im Zähler und die Querschnittfläche im Nenner steht, ist der neue Widerstand insgesamt um $\sqrt{3} \times \sqrt{3} = 3$ kleiner. Der auf das Bild 29 umgerechnete Wicklungswiderstand R_W wird somit 0,157 Ω / 3 = 0,052 Ω, wenn beim Beispiel eine Dreiecksbeschaltung vorliegt.

Messung des Wicklungswiderstandes

In der Praxis kann der Wicklungswiderstand auch gemessen werden. Dazu sind jedoch einige Überlegungen nötig. Es ist selbstverständlich einfach, ein auf ‚Widerstandsmessung' eingestelltes Multimeter an zwei der drei Klemmen anzuschließen, die Resultate sind jedoch oftmals ernüchternd. Das Problem liegt darin, dass die typischen Widerstände deutlich unterhalb von 1 Ω liegen, im untersuchten Beispiel sogar bei nicht einmal einem Zehntel davon. Ein handelsübliches Multimeter kann jedoch diesen Bereich oftmals nicht sehr gut auflösen, nicht selten geht bei dieser kleinen Widerststandsmessung auch der Messstrom in die Begrenzung, was das Resultat zusätzlich verfälscht. Wer gute Resultate erzielen möchte, sollte mit einem geregelten Netzgerät nur wenige Millivolt auf zwei der drei Klemmen des Motors geben. Es ist hier etwas Vorsicht geboten, da der Strom in diesem Widerstandsbereich sehr schnell zu groß wird und allenfalls die Wicklung durchbrennen könnte. Beim vorliegenden Beispiel wurde gemessen: 47,2 mV bei 411 mA, was einen gemessenen Widerstand R_M von 47,2 / 411 Ω = 0,114 Ω ergibt. Dieses Zwischenresultat entspricht aber noch nicht dem auf die Ersatzschaltung von Bild 29 umgerechneten Widerstand R_W.

Bild 31 zeigt die Verhältnisse, wenn man an zwei Klemmen misst. Liegt eine Sternschaltung vor, sind die Zusammenhänge einfach. Der gemessene Widerstand R_M ist die Serieschaltung des blauen und des grünen Widerstandes. R_W ist in diesem Falle gleich $R_M/2$.

Beim Beispiel soll aber wie schon bei der Berechnung des Wicklungswiderstandes wieder eine Dreieckschaltung angenommen werden. Wie im Bild ersichtlich, liegt der grüne Widerstand parallel zur Summe des roten und des blauen Widerstandes. Da aus Symmetriegründen alle Widerstände gleich groß sind, ist der Zusammenhang:

$$R_M = \frac{1}{\frac{1}{R} + \frac{1}{2 \cdot R}} = \frac{2}{3} \cdot R \quad \text{oder} \quad R = \frac{3}{2} \cdot R_M$$

Um den auf die Ersatzschaltung in Bild 29 umgerechneten Widerstand R_W zu erhalten, muss dieser Wert wegen der Umrechnung auf die Sternschaltung wieder durch den Faktor 3 geteilt werden. Somit ist R_W hier ebenfalls $R_M/2$, also 47,2 mV / 411 mA / 2 = 0,057 Ω. Dieser Wert weicht nicht stark von den berechneten 0,052 Ω ab.

Ein Vergleich von R_W zwischen der Stern- und der Dreiecksschaltung zeigt also, dass es bei der Messung nicht darauf ankommt, welche Beschaltung intern vorliegt. Sowohl der Wicklungswiderstand der Sternschaltung als auch der auf die Sternschaltung umgerechnete Wicklungswiderstand der Dreiecksschaltung ist immer gleich groß wie die Hälfte des an zwei Klemmen gemessenen Widerstandes. Da es sich bei den obigen Betrachtungen um Bild 29 je-

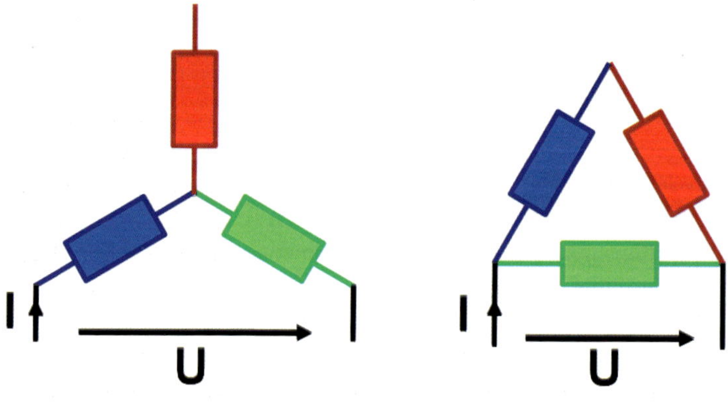

Bild 31: Widerstandsmessung bei Stern- bzw. Dreieckschaltung.

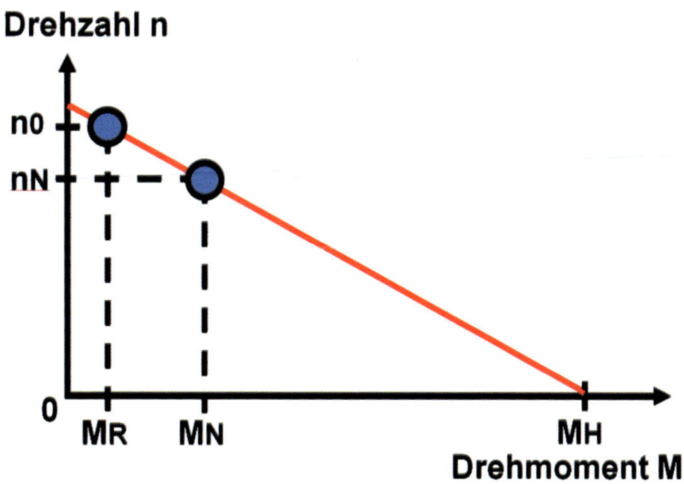

Bild 32: Drehzahl-/Drehmoment-Kennlinie.

doch nur um die Ersatzschaltung einer Wicklung handelt, ist der Wicklungswiderstand R_W noch nicht der Widerstand, mit welchem später weitergerechnet werden soll. Aufgrund der speziellen Ansteuerung der Brushless-Motoren werden immer zwei Wicklungen bestromt, währenddessen die Dritte zu Messszwecken offen bleibt (siehe Kapitel 4). Relevant für die weiteren Berechnungen ist deshalb der Innenwiderstand Ri, welcher auch eine Serieschaltung von zwei identischen Wicklungswiderständen R_W darstellt. Ri ist auch exakt der Widerstand, welcher zwischen zwei Klemmen des Motors gemessen wird, also gleich wie R_M. Er beträgt im obigen Beispiel also gemessen 0,114 Ω und berechnet 2 × 0,052 Ω = 0,104 Ω.

3.3 Motorkennlinie

Mit diesen Erkenntnissen sind jetzt alle Grundsteine gelegt, um die sogenannte Motorkennlinie zu berechnen und zu zeichnen. Die Motorkennlinie zeichnet auf der x-Achse (der Abszisse) das Drehmoment M und auf der y-Achse (der Ordinate) die Drehzahl n auf.

Bild 32 illustriert den Zusammenhang zwischen diesen beiden Größen. Es ist daraus insbesondere ersichtlich, dass die Drehzahl mit steigendem Drehmoment in die Knie geht. Wie später noch gezeigt wird, sind das Drehmoment und der benötigte Strom voneinander abhängig. Ein größeres Drehmoment ergibt auch einen größeren Strom. Das wiederum hat wie in Kapitel 3.2 gezeigt zur Folge, dass der Spannungsabfall über dem Wicklungswiderstand größer wird und deshalb die induzierte Gegenspannung und damit die Drehzahl kleiner wird. Der ‚Abfall' der roten Kurve ist also eine direkte Folge des Innenwiderstandes Ri. Schafft es der Hersteller, diesen klein zu halten, dann verläuft die Kurve flacher. Im hypothetischen Extremfall einer supraleitenden Wicklung mit Ri = 0 verliefe sie horizontal. Motoren mit sehr kleinem Wicklungswiderstand werden auch als drehzahlsteif bezeichnet. Ihre Drehzahl fällt unter Belastung (hohes Drehmoment) weniger stark ab, als diejenige von Motoren mit großem Wicklungs- und Innenwiderstand.

n_0 bezeichnet die Leerlaufdrehzahl. Sie wird wie im Bild 32 ersichtlich dann erreicht, wenn das vom Motor aufgebrachte Drehmoment gleich dem Reibungsmoment M_R ist. Die Leerlaufdrehzahl eines Motors könnte also noch etwas höher liegen, wenn es gelange, die Reibung gänzlich zu eliminieren. Am anderen Ende der roten Linie ist das Anhaltedrehmoment M_H dargestellt. Es ist dasjenige Drehmoment, welches bei Drehzahl 0, also im Stillstand erreicht würde. Andere Ausdrücke für das Anhaltedrehmoment sind Stillstandsdrehmoment oder Kurzschlussdrehmoment.

Man möge an dieser Stelle kurz innehalten und sich fragen, wie man denn ein Drehmoment spüren kann. Anders als die Drehzahl ist es ja eine Größe, welche man nicht direkt sieht. Dazu lässt man am besten einen kleinen Gleichstrommotor auf einer tiefen Drehzahl laufen und würge ihn von Hand ab, indem man mit Daumen und Zeigefinger auf die Welle drückt. Man spürt dann, dass der Motor sich drehen möchte. Was man dann mit den Fingern aufbringt, ist technisch gesehen nichts anderes als das Lastmoment, welches der Motor mit seinem Drehmoment kompensieren muss.

Weder im Betriebspunkt ‚Leerlauf' noch im Betriebspunkt ‚Stillstand' gibt der Motor Leistung ab, dies wird in Kapitel 3.5 erklärt. Es ist aber schon jetzt klar, dass der Motor meistens (oder hoffentlich) in keinem der beiden betrieben wird. Ein Motor ist ja wie schon in Kapitel 1 besprochen ein elektromechanischer Energie- oder Leistungswandler. Er soll also im Betrieb mechanische Leistung abgeben.

Auf einigen Motor-Datenblättern ist deshalb die Nenndrehzahl und das Nenndrehmoment angegeben. Es handelt sich hierbei um einen typischen Betriebspunkt oder gar einen Bereich, in welchem der Motor bei einem ansehnlich hohen Wirkungsgrad Leistung abgibt.

Auch diese beiden Größen liegen auf der roten Kurve. Meistens liegt die Nenndrehzahl in einem Bereich zwischen etwa 2/3 der Leerlaufdrehzahl und 9/10 der Leerlaufdrehzahl selbst. Bild 33 soll dies illustrieren.

Es ist jedoch so, dass man als Benutzer nicht einfach sagen kann: „ich betreibe meinen Motor jetzt auf der Nenndrehzahl". Die Betriebspunkte müssen ja auf der roten Kurve liegen und zu jeder Drehzahl gehört auch ein entsprechendes Drehmoment, welches die Last, der Propeller oder ähnliches fordert.

Zusammenhang zwischen Strom und Drehmoment

Auf der elektrischen Seite fließt zu einem bestimmten Drehmoment auch ein bestimmter Strom. Hier ist der Gleichstrom gemeint, welcher zwischen Batterie und dem als verlustlos angenommenen Brushless-Regler fließt. Diese beiden Größen hängen über die Motorkonstante kM zusammen. Es gilt:

$M = I \cdot kM$ und $kM = 1/kV \cdot 30/\pi$

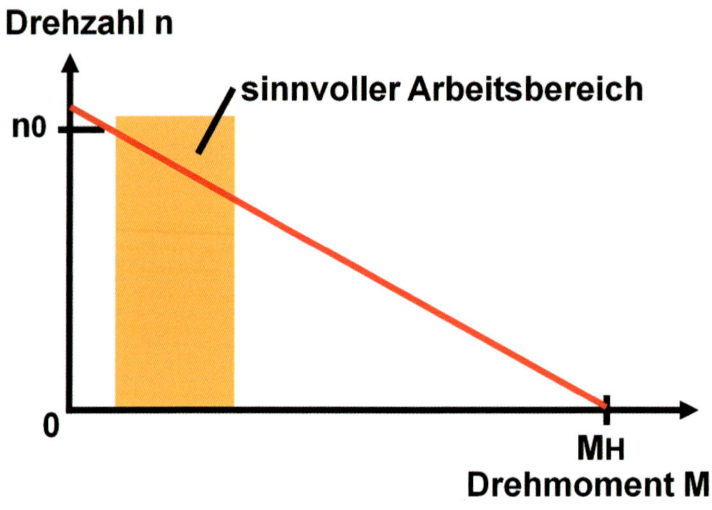

Bild 33: Sinnvoller Arbeitsbereich auf der Drehzahl-/Drehmoment-Kennlinie.

Dass die Motorkonstante kM umgekehrt proportional zur in Kapitel 3.1 hergeleiteten Kenngröße kV ist, ist fast schon fundamental, aber eigentlich logisch. Falls man einen Motor mit einem großen kV sein Eigen nennt, einen Motor also, welcher pro angelegtem Volt ‚viel' Drehzahl macht, so erkauft man sich das mit einem kleinen kM. Für einen bestimmten Strom macht der Motor also dafür ‚wenig' Drehmoment. Das könnte beispielsweise für einen Innenläufer so gelten. Im umgekehrten Fall weist ein Motor mit kleinem kV, welcher pro angelegtem Volt also ‚wenig' Drehzahl macht, also ein großes kM auf; ein bestimmter Strom bewirkt also ein großes Drehmoment. Dieser Fall könnte auch auf einen Außenläufer passen. Der Faktor ‚30/π' steht nur deshalb, weil mit kV am Ende eine Drehzahl mit der Einheit ‚Umdrehungen pro Minute' berechnet wird. Eine Drehzahleinheit ohne Umrechnungsfaktor, eine sogenannte SI-Einheit, wäre die sogenannte Kreisfrequenz. Sie ist jedoch für die Betrachtungen an dieser Stelle bedeutungslos.

Durch die Proportionalität zwischen dem Drehmoment und dem Strom kann das Bild 32 auch durch den Strom erweitert werden. Bild 34 zeigt die Zusammenhänge. Erstmals tritt hier auch der Leerlaufstrom I_0 in Erscheinung. Es handelt sich um denjenigen Strom, welcher das durch die Reibung hervorgerufene Drehmoment kompensiert. Die Zusammenhänge sind gleich wie oben:

$$M_R = I_0 \cdot kM \quad \text{und} \quad kM = 1/kV \cdot 30/\pi$$

Außerdem erscheint auch noch I_N, der Nennstrom, welcher beim Nennmoment M_N und der Nenndrehzahl n_N auftritt, sowie der Kurzschlussstrom I_K, welcher beim Anhaltemoment M_H auftritt.

Wie es schon viele Modellbauer erlebt haben, ist der Motorstrom bei blockiertem Motor am größten (Anhaltemoment M_H bei Kurzschlussstrom I_K). Dann fällt die ganze Batteriespannung über dem typischerweise sehr kleinen Innenwiderstand Ri – 2 mal dem Wicklungswiderstand R_W ab. Als Vergleich diene dazu auch Bild 29, da der Motor nicht dreht, ist die induzierte Gegenspannung U_{EMK} dann gleich Null. Dies kann man auch als Kurzschluss interpretieren, daher rührt der Name ‚Kurzschlussstrom'. In diesem Falle kann es passieren, dass die Wicklung durchbrennt. Deshalb haben die meisten Brushless-Regler heute eine Strommessung integriert. Sie können so meistens recht-

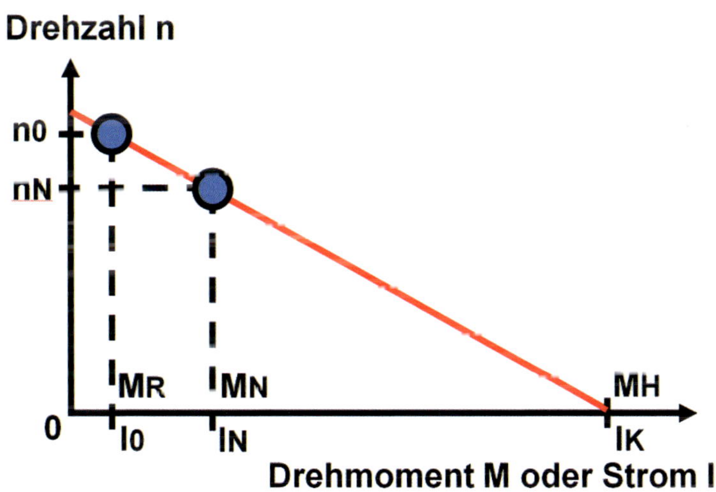

Bild 34: Drehzahl-/Drehmoment- bzw. Drehzahl-/Strom-Kennlinie.

zeitig abschalten. Darüber ist in Kapitel 4 mehr zu erfahren.

Berechnung der Drehzahl bei bekanntem Innenwiderstand und Strom

Ist der Strom, welcher aus der Batterie fließt und der Innenwiderstand bekannt, kann die Drehzahl n des Motors berechnet werden:

$$n = (U_{BAT} - I \cdot Ri) \cdot kV$$

Beispiel 2:

Ein Brushless-Motor AXI 4130/20 mit den Daten: kV = 305 U/(MinV), Ri = 0,099 Ω, I_0 = 1,2 A wird mit einem 10S-LiPo betrieben. Dabei wird ein Batteriestrom von 40 A (angenommen als Nennstrom I_N) gemessen. Es soll daraus die Leerlaufdrehzahl n_0 und die Nenndrehzahl n_N berechnet werden. Außerdem soll die Motorkonstante kM, das Reibungsdrehmoment M_R und das Nenndrehmoment M_N berechnet werden.

Die Leerlaufdrehzahl wäre bei vernachlässigtem Leerlaufstrom einfach U_{BAT} × kV = 10 ×3,7 V × 305 U/(MinV) = 11.285 U/Min, wie schon in Beispiel 1 berechnet. Wenn jedoch der Leerlaufstrom berücksichtigt wird, wird n_0 = (U_{BAT} - I_0 × Ri) × kV = (10 × 3,7 V – 1,2 A × 0,099 Ω) × 305 U/(MinV) = 11.248 U/Min, also etwas kleiner.

Die Nenndrehzahl wird n_N = (U_{BAT} - I_N × Ri) × kV = (10 × 3,7 V – 40 A × 0,099 Ω) × 305 U/(MinV) = 10.077 U/Min.

kM wird 1/kV × 30/π = 1/305 × 30/π Nm/A = 0,031 Nm/A. Das Reibungsmoment M_R ist I_0 × kM = 1,2 A × 0,031 Nm/A = 0,037 Nm. Das Nenndrehmoment M_N wird zu I_N× kM = 40 A × 0,031 Nm/A = 1,24 Nm.

Vergleich zwischen Messung und Berechnung der Drehzahl-/Drehmomentkennlinie

Der AXI-Motor von Beispiel 2 wurde für einen Vergleich der Drehzahl-/Drehmomentkennlinie zwischen Messung und Berechnung auf einen Motorenprüfstand gesetzt. Bei diesem Motor handelt es sich um einen rechten ‚Mocken', wie man so schön sagt. Er bringt über 1 kW mechanische Leistung und wiegt satte 409 g. Damit lassen sich schon größere Flugmodelle mit mehreren Kilogramm Gewicht in die Luft befördern.

Um eine gewünschte Last zu simulieren, wurde er mit einem Gleichstrommotor gekoppelt. Dieser erzielte das gewünschte Bremsmoment. Die Kupplung zwischen den beiden Motoren wurde zusätzlich mit einem Drehmomentmessgerät ausgerüstet. Beim weiter oben ersichtlichen Reibungsdrehmoment handelt es sich um eine ‚interne Angelegenheit' des AXI-Motors. Das Drehmomentmessgerät misst nur das Lastmoment, welches vom Gleichstrommotor ausgeübt wird, es misst im Leerlauf also kein Drehmoment. Im Vergleich zu Bild 34 ist Bild 35 so zu verstehen, dass das Reibungsdrehmoment M_R in den Nullpunkt verschoben wird. In diesem neuen Nullpunkt fließt also bereits der Leerlaufstrom I_0 bei der Leerlaufdrehzahl n_0.

Um bei der Messung den störenden Innenwiderstand der Batterie zu eliminieren und nur die ‚pure' Motorkennlinie zu erhalten, wurde der Brushless-Regler mit einem stabilisierten 30-V-Netzgerät gespeist, welches bis zu 60 A liefern kann. Die Verluste des Reglers wurden dazu ebenfalls gemessen und bei höheren Strömen mit einer etwas größeren Eingangsspannung kompensiert. Die Leerlaufdrehzahl berechnet sich hier also zu n_0 = (30 V - I_0 × Ri) × kV = (30 V – 1,2 A × 0,099 Ω) × 305 U/(MinV) = 9.113 U/Min. Die rote Kurve stellt die Berechnung der Motorkennlinie dar, die blauen Punkte sind gemessene Betriebspunkte. Es wurden nur sinnvolle Betriebspunkte ausgemessen (oranger Bereich), somit sinkt die Drehzahl nur etwa bis 7.800 U/Min ab. Es soll als Beispiel noch die Drehzahl des zweithintersten Punktes nachgerechnet werden. Der Strom I berechnet sich dort zu

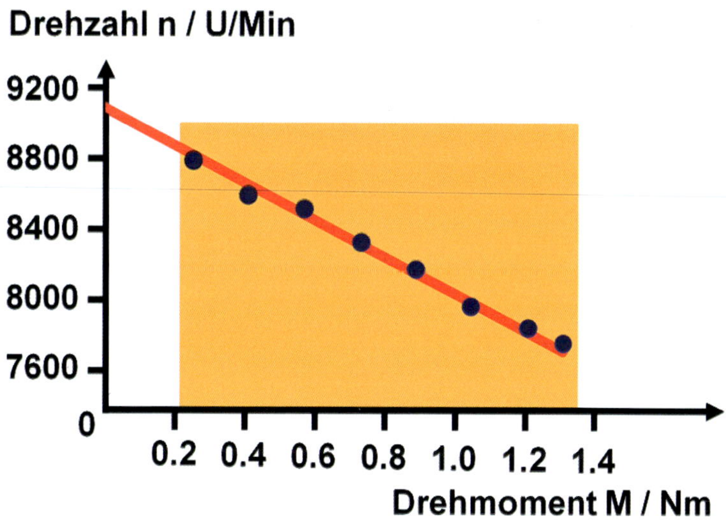

Bild 35: Drehzahl-/Drehmoment-Kennlinie des AXI 4130/20.

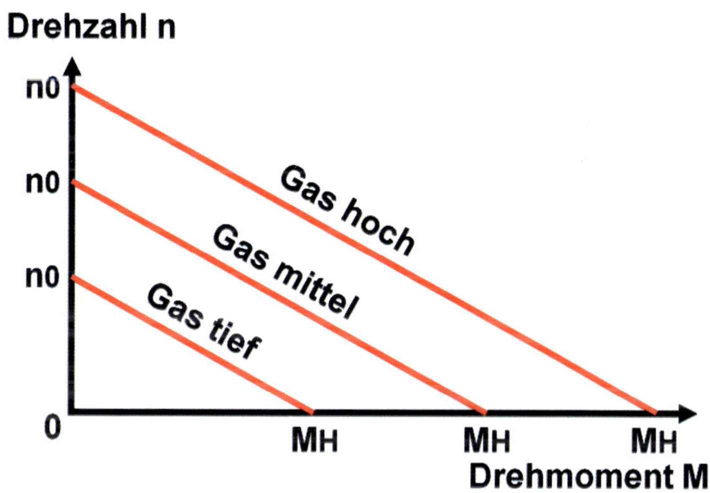

Bild 36: Drehzahl-/Drehmoment-Kennlinien bei verschiedenen Knüppelstellungen.

I_0 + M / kM. Mit einem kM von 1/kV × 30/π = 1/305 × 30/π Nm/A = 0,031 Nm/A ergibt dies 1,2A + 1,2/0,031 A = 39,53 A. Die Drehzahl n ist dann (30 V – I × Ri) × kV = (30 V – 39,52 A × 0,099 Ω) × 305 U/(MinV) = 7.956 U/Min.

Knüppelstellung der Fernsteuerung und Drehzahl-/Drehmomentkennlinie

Es stellt sich weiter die Frage, was denn die Knüppelstellung der Fernsteuerung für einen Einfluss auf die Kennlinie hat. Hier muss dem nächsten Kapitel, in welchem die Brushless-Regler eingehend diskutiert werden, schon einmal etwas vorgegriffen werden. Die Knüppelstellung der Fernsteuerung bewirkt einfach beschrieben, dass der Regler nicht die volle Batteriespannung in eine Wechselspannung umwandelt, sondern nur einen der Knüppelstellung entsprechenden Anteil. Da das kV des Motors ja gleich bleibt, bewirkt dies eine tiefere

Leerlaufdrehzahl. Wie oben erklärt wurde, ist der Drehzahlabfall bei höheren Strömen bzw. Drehmomenten dem Wicklungswiderstand zu verdanken. Da dieser immer gleich bleibt, verlaufen die Kennlinien wie in Bild 36 gezeigt, parallel zueinander.

Wie es ebenfalls ersichtlich ist, verändern sich hierbei auch die Anhaltedrehmomente M_H. Auch das kann in der Praxis leicht nachvollzogen werden. Es ist bei einer tiefen Knüppelstellung mit einer kleinen Leerlaufdrehzahl viel einfacher, den Motor von Hand abzuwürgen, da man dann eben auch ein kleineres Anhaltedrehmoment M_H aufbringen muss.

Betriebspunkt

Der Motor läuft aber nicht auf der ganzen Kennlinie, sondern immer nur in einem Betriebspunkt, in der Technik auch Arbeitspunkt genannt. Auch die Last, also das, was er antreibt, bestimmt ihn mit. Bei einem Modellflugzeug ist die Last der Propeller. Als Praxisbeispiel soll dies mit der Kombination Motor: Scorpion SII2205-1585 und Propeller: APC E 6" × 5,5" gezeigt werden. Bild 37 zeigt die Zusammenhänge. Die beiden Motorkennlinien bei Knüppelstellung auf Vollgas und bei Knüppelstellung auf 2/3–Gas sind im Bild rot dargestellt. Der Propeller hat eine sogenannte nichtlineare Kennlinie, im Bild blau dargestellt. Sie wird auch Lastkennlinie genannt. Bei tiefen Drehzahlen ist der Strom (und damit auch das Drehmoment) sehr klein, währenddessen er bei hohen Drehzahlen überproportional zunimmt. Grundsätzlich weisen alle Luftschrauben und auch Schiffsschrauben diese Eigenschaften auf. Man mag sich fragen, weshalb die blaue Kennlinie nicht im Ursprung (0 A bei 0 U/Min) beginnt. Die Ursache dafür ist wieder beim Leerlaufstrom des Motors zu suchen.

Der Betriebspunkt ist jetzt genau dort, wo sich die Motorkennlinie und die Lastkennlinie schneiden. Es wurde bei Vollgas ein 3S LiPo – Akku mit 11,1 V angenommen. Der Betriebspunkt liegt abgelesen etwa bei 14.500 U/Min und 9,5 A. Wird der Knüppel auf 2/3–Gas gestellt, so ändert sich nur die rote Motorkennlinie. Die Luftschraube bleibt ja dieselbe. Somit wandert der neue Betriebspunkt einfach zum neuen Schnittpunkt der beiden Linien. Abgelesen sind die neuen Werte dann etwa 10.500 U/Min und 5 A.

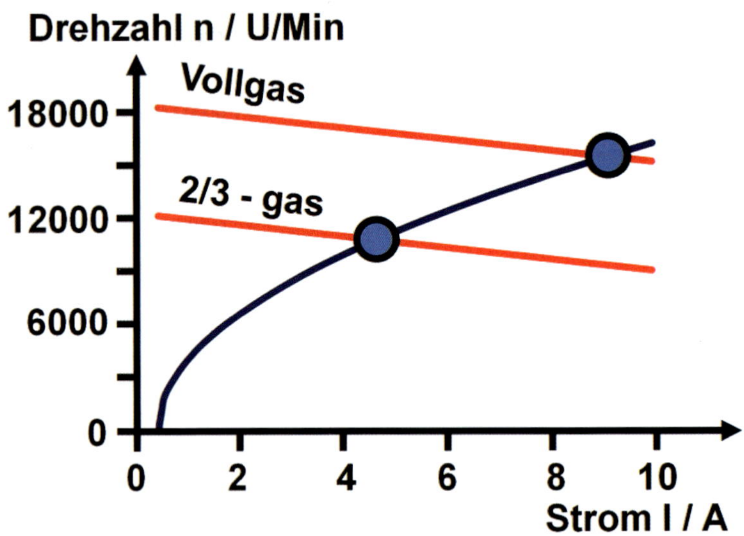

Bild 37: Betriebspunkte, Scorpion SII2205-1585 und APC E 6"×5,5".

Drehzahlabfall bei großem Drehmoment in der Praxis

In den Internet-Foren sind viele Messungen von Motor-/Propellerkombinationen zu finden. Stöbert man etwas in diesen herum und vergleicht die Kennlinien, dann fällt einem meistens auf, dass die Drehzahlen mit wachsenden Strömen und Drehmomenten stärker abfallen, als dies in den obigen Beispielen berechnet wurde. Das ist in der Praxis auch richtig. Es addieren sich dann die Innenwiderstände des Brushless-Reglers und des Akkus zum Wicklungswiderstand, außerdem sind auch die Zuleitungen nicht widerstandsfrei. Möchte man einen möglichst drehzahlsteifen Antrieb realisieren, so muss man stets darauf achten, dass die ganze Kette, von Akku über den Regler bis hin zum Motor einen kleinen Innenwiderstand aufweist. Außerdem sollte man die Zuleitungen immer möglichst kurz halten.

3.4 Turns

In vielen Datenblättern wird ‚Turns' als eine der Kenngrößen angegeben. Zur Diskussion, was es damit auf sich hat, sollen zwei weiter oben hergeleitete Formeln noch einmal wiederholt werden:

$M = I \cdot kM$ und $kM = 1/kV \cdot 30/\pi$

und

kV ist proportional zu $1 / (\pi \cdot D \cdot B \cdot N \cdot L)$

Ein Motor mit grossem kV, welcher also viele Umdrehungen pro angelegtem Volt macht, hat wegen der umgekehrt proportionalen Beziehung dafür ein kleines kM. Er bringt wenig Drehmoment pro Ampère oder anders gesagt, wenn die Last ein bestimmtes Drehmoment fordert, benötigt er einen hohen Strom. ‚Turns' ist nichts anderes, als der englische Begriff für die Windungszahl N pro Wicklung. N steht bei der Berechnung von kV im Nenner und bei der Berechnung von kM im Zähler. Eine Untersuchung der Formeln zeigt:

Viele ‚Turns' heißt kleines kV und großes kM. Der Motor dreht langsam und für ein bestimmtes Drehmoment benötigt er einen tiefen Strom.

Wenig ‚Turns' heißt großes kV und kleines kM, Der Motor dreht schnell und für ein bestimmtes Drehmoment benötigt er einen hohen Strom.

Viele Motorhersteller variieren bei ihren Baureihen die Windungszahl, die ‚Turns'. Die Motoren mit weniger ‚Turns' werden umgangssprachlich auch als ‚böse' Motoren bezeichnet. Sie drehen höher, machen beispielsweise einen RC-Car schneller und belasten auch den Brushless-Regler mehr, da er für das geforderte Drehmoment einen größeren Strom liefern muss. Bei vielen Brushless-Reglern wird deshalb im Datenblatt neben dem maximalen Strom auch erwähnt, wieviele ‚Turns' ein Motor mindestens haben sollte, damit er betrieben werden darf.

3.5 Motorleistung

Beim Leistungsbegriff ist Vorsicht geboten. Es ist wichtig, immer genau zu definieren welche Leistung genau gemeint ist, sei es die elektrische Leistung, die mechanische Leistung oder die Verlustleistung. Wie schon ganz zu Beginn des vorliegenden Buches erwähnt, ist ein Brushless-Motor nichts anderes als ein Energiewandler, welcher elektrische Energie mit mehr oder weniger Verlusten in mechanische Energie umwandelt. Genauso kann man jedoch auch vom Leistungsbegriff sprechen, da die Energie nichts anderes als die nach der Zeit integrierte Leistung ist. Wenn die Leistung konstant ist, wie es bei den meisten Betrachtungen in diesem Buch der Fall ist, vereinfacht sich der letzte Satz zu ‚Energie = Leistung × Zeit'. So kann der Brushless-Motor auch als Leistungswandler, welcher

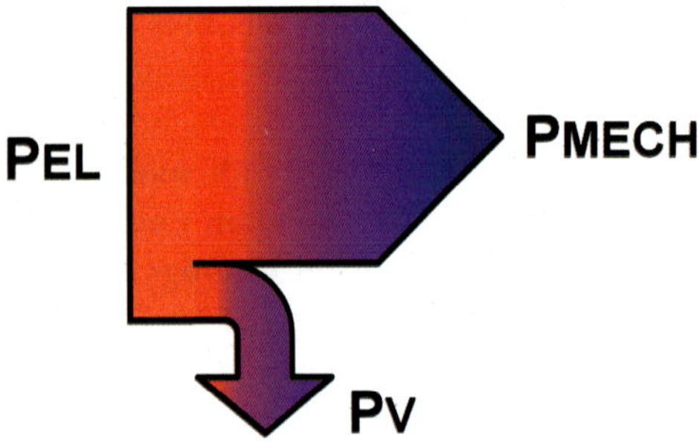

Bild 38: Elektrische Leistung, mechanische Leistung und Verlustleistung.

elektrische Leistung in mechanische Leistung wandelt, aufgefasst werden. Bild 38 zeigt, wie das zu verstehen ist.

Wie ersichtlich und schon zu Beginn des Buches erwähnt, gilt hier der Zusammenhang:

$$P_{EL} = P_{MECH} + P_V$$

Genau genommen ist die elektrische Leistung,

$$P_{EL} = U_{BAT} \cdot I$$

am Eingang des Brushless-Reglers zu finden. Dieser wird aber für die folgenden Betrachtungen vorerst als verlustlos angenommen. Folgende Beziehungen beschreiben nun den Zusammenhang zwischen den elektrischen und den mechanischen Größen:

$$n = (U_{BAT} - I \cdot Ri) \cdot kV$$

wie weiter oben schon benutzt und

$$M = k_M \cdot (I - I_0) = 1/kV \cdot 30/\pi \cdot (I - I_0)$$

Hier wird einerseits der Zusammenhang zwischen kM und kV berücksichtigt. Andererseits ist auch der Leerlaufstrom in der Formel verankert. Er trägt ja nichts zum Drehmoment bei und muss vom Strom I abgezogen werden. Bei den Ausführungen im Kapitel 3.3 ist das so berücksichtigt worden, dass der Strom I_0 bzw. das Reibungsdrehmoment M_R in den Nullpunkt der Drehzahl-/Drehmomentkennlinien verschoben wurde.

Die mechanische Leistung an der Welle berechnet sich zu:

$$P_{MECH} = n \cdot M \cdot \pi/30$$

Werden jetzt die obigen Formeln mit n und M eingesetzt, so ergibt das:

$$P_{MECH} = (U_{BAT} - I \cdot Ri) \cdot (I - I_0)$$

Die Diskussion dieser Formel fördert Interessantes zu Tage. Es wäre eigentlich erwünscht, dass die mechanische Leistung möglichst gleich groß ist wie die elektrische Leistung. Zwei Minuszeichen verschlechtern jedoch die Bilanz. Es sind Wicklungswiderstand Ri und Leerlaufstrom I_0, welche die abzuziehenden Terme prägen. Die Motorbauer optimieren ihre Motoren somit, indem sie diese Größen so klein wie möglich zu halten versuchen.

Beispiel 3:
Ein Brushless-Motor AXI 4130/20 mit den Daten: kV = 305 U/(MinV), Ri = 0,099 Ω, I_0 = 1,2 A wird mit einem 10S-LiPo betrieben. Dabei wird ein Batteriestrom von 40 A gemessen. Es soll daraus die elektrische Leistung und die mechanische Leistung berechnet werden.
P_{EL} berechnet sich zu $U_{BAT} \times I = 10 \times 3{,}7\ V \times 40\ A = 1.480\ W$.
P_{MECH} berechnet sich zu $(U_{BAT} - I \times Ri) \times (I - I_0) = (10 \times 3{,}7\ V - 40\ A \times 0{,}099\ \Omega) \times (40\ A - 1{,}2\ A) = 1.282\ W$

Die Differenz der Leistung, die 1.480 W – 1.282 W = 198 W stellt also die Verlustleistung P_V des Motors dar. Sie muss auf irgendeine Art und Weise abgeführt werden. Bei

Flugmodellen genügt es oftmals, den Motor im Propellerluftstrom zu platzieren oder bei der Motorhaube wenigstens dafür zu sorgen, dass etwas Restluft zum Motor geführt wird. Oftmals sieht man bei Automodellen auch Kühlrippen direkt auf dem Motorumfang. Dort ist die Gewichtsfrage nicht gar so kritisch.

Anders als man es vielleicht von früher kennen mag, als die Bürstenmotoren aufgrund der grenzwertigen Auslegung und der sehr großen Verlustleistung manchmal fast siedend heiß wurden, verhält es sich bei den heutigen Brushless-Motoren. Bei sinnvollen Auslegungen und der Beachtung der Spezifikationen der Hersteller, insbesondere des Maximalstromes, achtet man darauf, dass sie nur handwarm oder leicht wärmer werden. Die kleine Verlustleistung macht dies möglich und der Motor dankt es einem dafür mit einer langen Lebensdauer.

Baugröße und Leistung

Mit einem größeren Motor wird auch mehr Leistung erreicht. Dieser Zusammenhang ist offensichtlich und wird kaum von jemandem angezweifelt. In diesem Abschnitt soll das etwas genauer unter die Lupe genommen werden. In verschiedenen Quellen wird die Leistung proportional zur Statoroberfläche angegeben. Als Faustregel kann für einen Motor ohne eingebauten Lüfter etwa gefunden werden:

$$P_{EL} = (0{,}05\ldots0{,}1)\ \mathrm{W/mm^2} \times A$$

Wie Bild 39 zeigt, ist A dabei die Zylinderoberfläche des Stators. Ein Gleichgewicht der Motortemperatur stellt sich dann ein, wenn die abgeführte Wärme gleich groß ist, wie die durch die Verlustleistung im Motor entstehende. Wärme kann auf verschiedene Arten abgeführt werden.

a) Konvektion: Strömt kalte Luft an einer warmen Oberfläche vorbei, erwärmt sie sich und sorgt so für eine Abkühlung. Als Beispiel kann hier ein PC-Lüfter genannt werden.

b) Wärmeleitung: Wird eine warme Oberfläche mit einem guten Wärmeleiter verbunden, so erwärmt sich dieser ebenfalls und kühlt sie so, weil die Wärmeenergie dann vom guten Wärmeleiter mitgetragen werden kann. Als Beispiel dient hier eine Metallpfanne auf einem Elektrokochherd.

c) Wärmestrahlung: Eine warme Oberfläche kühlt sich ebenfalls ab, wenn sie von kalten Gegenständen umgeben ist. Als Beispiel sei hier die Sonnenstrahlung erwähnt. Ein Temperaturfühler, welcher dem direkten Sonnenlicht ausgesetzt ist, zeigt eine höhere Temperatur an als einer, welcher im Schatten misst, in einer etwas kälteren Umgebung also.

Alle drei Arten haben die Gemeinsamkeit, dass die Größe der Oberfläche für die Wärmeabfuhr maßgebend ist. Der Faktor 0,05 W/mm² bis 0,1 W/mm² basiert auf Erfahrungswerten. Je nach Einbauart ist eine kleinere oder größere Motorleistung möglich, deshalb wird ein

◂ **Bild 39: Zylinderoberfläche A eines Stators.**

Bereich angegeben. Wenn sich der Motor im Luftstrom des Propellers befindet, ist die Konvektion größer als wenn er sich in einem Gehäuse ohne Luftzirkulation drehen muss. Wenn der Motor auf einem Aluminiumträger sitzt, ist die Wärmeleitung ebenfalls besser, als wenn er direkt auf einen Motorspant aus Holz montiert wird. Ist der Motor zusätzlich mit einem Lüfter ausgerüstet, kann der Faktor auch mehr als 0,1 W/mm² betragen.

Bis jetzt war jedoch immer nur von der Verlustleistung die Rede und nicht von der elektrischen bzw. mechanischen Leistung. Denkt man sich das Bild 38 verkleinert bzw. vergrößert, so werden alle Leistungen mit einem vergrößerten Bild größer und mit einem verkleinerten Bild kleiner. Sie hängen also voneinander ab. So kann auch die obige Faustformel erklärt werden.

Beispiel 4:

Für einen Motor Roxxy 2827-34 soll die zulässige elektrische Leistung nach der Faustformel der Statoroberfläche berechnet werden. Der Statordurchmesser D ist gemessen etwa 25 mm und die Länge L beträgt 15 mm. Die Zylinderoberfläche des Stators berechnet sich zu $2 \times (D/2)^2 \times \pi + D \times \pi \times L = (2 \times 156{,}25 \times 3{,}14 + 25 \times 3{,}14 \times 15)$ $mm^2 = 2.159\ mm^2$. P_{EL} *berechnet sich mit dem konservativen Faktor 0,05 W/mm² zu 108 W.*

Die so berechneten Motoren können in jedem Fall mit dieser Dauerleistung betrieben werden. Häufig geben die Hersteller höhere maximale Leistungen an. Sie können bis zu doppelt so hoch sein. Dazu spezifizieren sie dann, für welche Zeitdauer (beispielsweise 15 Sekunden) diese möglich sind. Während dieser Zeit erwärmt sich der Motor zwar stark. Wenn er danach wieder für längere Zeit ausgeschaltet wird, kann er sich jedoch wieder abkühlen. Das ist speziell für Motorsegler interessant.

3.6 Bremsbetrieb

Alle obigen Ausführungen stimmen streng genommen nur dann, wenn der Motor auch im sogenannten ‚Motorbetrieb' betrieben wird, wenn er also an der Welle mechanische Leistung abgibt. Für die Motoren, welche im Flug- und Bootsbetrieb eingesetzt werden, ist das der Regelfall. Bei den Automodellen ist jedoch nicht nur der Motorbetrieb, welcher für die Beschleunigung zuständig ist wichtig. Sie müssen vor Kurven auch möglichst gut abgebremst werden können. Auch bei Segelflugmodellen ist der Bremsbetrieb wichtig, damit die Klappschraube definiert zurückklappen kann. Der technische Fachausdruck dafür heißt ‚Generatorbetrieb'. Es hat sich im Modellbau auch der Begriff ‚EMK-Bremse' durchgesetzt.

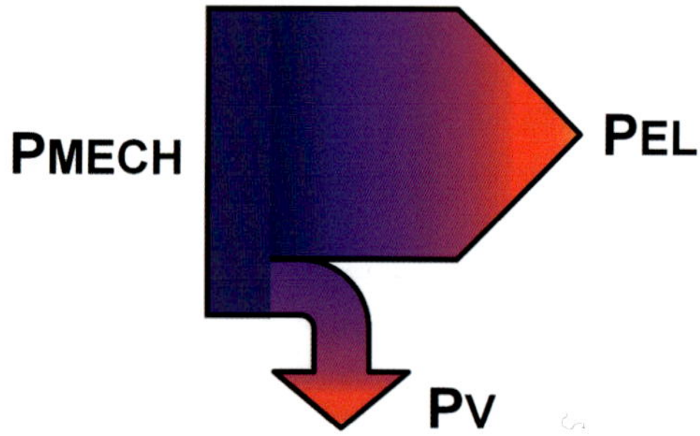

Bild 40: Leistungen beim Bremsbetrieb bzw. Generatorbetrieb.

Das Wort ‚Generator' kennt man eigentlich nur von der Stromerzeugung her. In Kraftwerken oder beim benzinbetriebenen Stromgenerator werden solche Generatoren eingesetzt. Genau das ist jedoch im Bremsbetrieb der Betriebsfall. Bild 40 zeigt die Übersicht der Leistungen. Im Gegensatz zu Bild 38 wird jetzt mechanische Energie in elektrische Energie oder eben mechanische Leistung in elektrische Leistung umgewandelt. Dies funktioniert ebenfalls nicht verlustlos. Es entsteht dabei wieder Verlustleistung im Generator (bzw. im Motor, welcher als Generator betrieben wird). Es ist jedoch die gleiche Maschine, welche je nach Betriebsfall die Leistungsumwandlung Elektrisch → Mechanisch (Motor) und Mechanisch → Elektrisch (Generator) vornimmt. Für die Erklärung soll folgendes Beispiel dienen:

Es sei angenommen, eine Brushless-Antriebskombination bestehend aus Akku, Regler und einem langsam drehenden Motor treibe ein Hamsterrad an. Der Einfachheit halber sei alles verlustlos, es gebe insbesondere keinen Leerlaufstrom I_0. Wenn der Hamster seine Runden im Rad gleich schnell dreht wie der Motor, dann befindet sich dieser im Leerlauf. Möchte der Hamster schneller laufen, so versucht er zu beschleunigen. Der Hamster treibt den jetzt etwas schneller drehenden Motor an und dieser wird ab sofort Generator genannt. Der Energiefluss wird umgedreht.

In der Drehzahl-/ Drehmomentkennlinie macht sich das nach Bild 41 bemerkbar. Die rote Linie aller Betriebspunkte wird einfach über die Leerlaufdrezahl hinaus weitergezogen. Da nicht mehr der Motor das Hamsterrad, sondern das Hamsterrad den Generator antreibt, ergibt sich ein negatives Drehmoment. Im Bild ist es als Bremsdrehmoment M_B eingezeichnet. Wie weiter oben erklärt, hängen Strom und Drehmoment zusammen. So wird also auch der Strom negativ. Es fließt schließlich ein negativer Strom vom Akku zum Brushless-Regler, oder, je nach Wahl der Bezugsrichtung, ein positiver Strom vom Brushless-Regler zum Akku. Der Akku wird aufgeladen.

In der Praxis fährt der Brushless-Regler im Bremsbetrieb einfach mehr oder weniger schnell (hartes oder weiches Bremsen) die Kennlinien nach Bild 36 von ‚Gas hoch' nach ‚Gas tief' zurück. Dies verkleinert die gewünschte Drehzahl mehr oder weniger schnell. Das Modellauto oder der Propeller wird mehr oder weniger schnell abgebremst und die Energie wird in den Akku zurückgespeist. Die Bremsenergie wird also nicht in Wärme umgesetzt, sondern sie lädt den Akku auf. Das verlängert die Fahrtzeit.

3.7 Wirkungsgrad

Es ist jetzt nur noch ein kleiner Schritt, um auch die letzte der wichtigsten Kenngrößen eines Brushless-Motors zu bestimmen, nämlich den Wirkungsgrad. Der Wirkungsgrad eines Motors berechnet sich aus dem Verhältnis zwischen der mechanischen Leistung und der elektrischen Leistung. Er ist, obige Formeln berücksichtigt also:

$$\eta = \frac{P_{MECH}}{P_{EL}} = \frac{(U_{BAT} - I \cdot R_i) \cdot (I - I_0)}{U_{BAT} \cdot I}$$

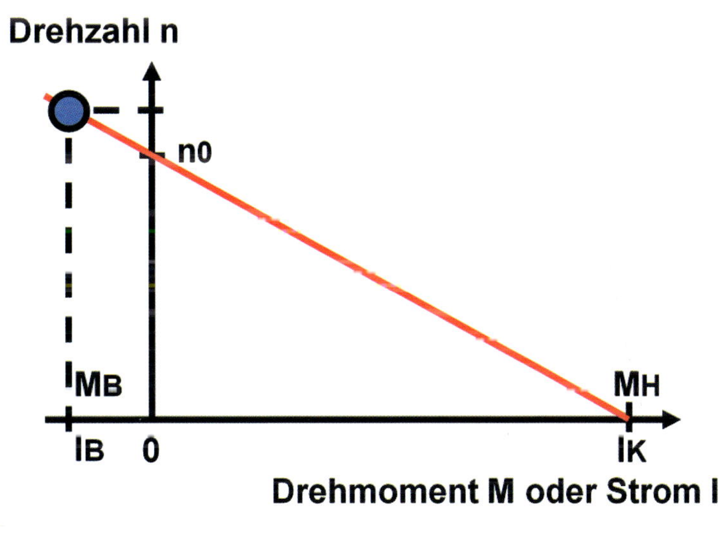

Bild 41: Drehzahl-/Drehmoment-Kennlinie für den Bremsbetrieb bzw. Generatorbetrieb.

Wäre Supraleitung und kein Reibungsdrehmoment vorhanden, wären Ri und I_0 also Null, dann wären der Zähler und der Nenner gleich groß, der Wirkungsgrad η würde in jedem Betriebsfall 100 % betragen. In der Praxis ist es so, dass η für den Leerlauf, wenn $I = I_0$ ist, Null beträgt, weil dann der Term rechts im Zähler ebenfalls Null ist. Das lässt sich einfach erklären, da die mechanische Leistung $P_{MECH} = n \times M \times \pi/30$ dann ja ebenfalls Null ist. Der Leerlauf ist ja so definiert, dass der Motor kein Drehmoment M aufbringt. Trotzdem benötigt der Motor aber dann die elektrische Leistung $U_{BAT} \times I_0$.

Im anderen Extremfall des Stillstandes ist $I \times Ri = U_{BAT}$. Dieser Fall ist nur bei blockierten Rädern, Schiffsschrauben oder Propellern zu beobachten. Hier wäre dann der linke Term im Zähler Null. Auch hier gibt der Motor keine mechanische Leistung ab und der Wirkungsgrad ist Null. In Bild 42 ist wieder der sinnvolle Arbeitsbereich des Motors eingezeichnet. Als Beispiel aus der Praxis soll der Wirkungsgrad eines Kontronik Tango 45-06 untersucht werden. Dieser Motor ist eine Spezialversion eines Innenläufers mit einer Luftspaltwicklung. Eine Prinzipskizze ist in Bild 43 dargestellt.

Solche Motoren wurden schon in Kapitel 2 behandelt (Bild 13). Wie dort besprochen, weisen sie aufgrund der fehlenden Nuten kein Rastmoment auf. Deshalb bleibt auch der Leerlaufstrom klein und der Wirkungsgrad ist hoch. Dieser Motor stellt aber mit der sogenannten ‚Eisenverlustlosen Technik' noch eine weitere Spezialität dar. Ein anderer Ausdruck dafür ist auch ‚Mitdrehender Rückschluss'. Normalerweise gehören bei einer Luftspaltwicklung sowohl die Wicklung als auch das Gehäuse aus Eisen zum Stator, sie sind also nicht beweglich. Dreht der Permanentmagnet des Rotors, wird das Eisen des Gehäuses immer ummagnetisiert, was sich als Zusatzverlust mit grösserem I_0 bemerkbar macht. Bei einem Motor mit mitdrehendem Rückschluss dreht sich das Eisen jedoch mit dem Rotor mit. Somit muss es nicht ummagnetisiert werden. In Bild 43 sind Per-

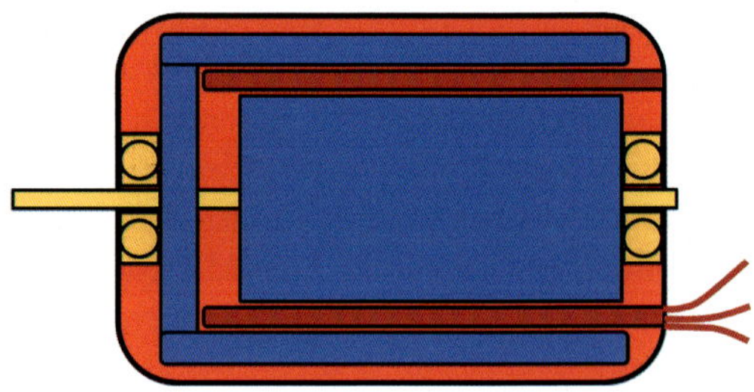

▲ Bild 43: Prinzipskizze ‚Eisenverlustlose Technik'.

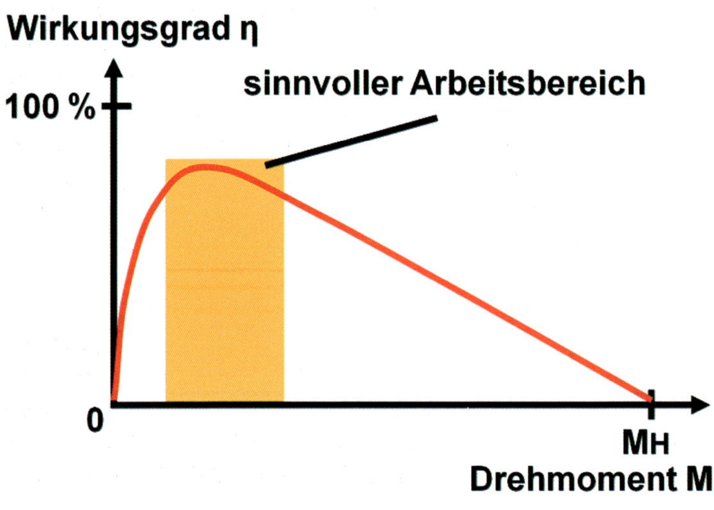

Bild 42: Wirkungsgrad.

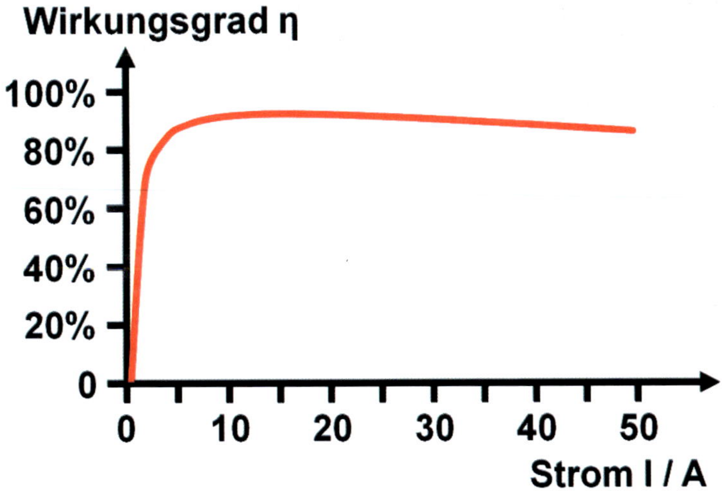

Bild 44: Berechneter Wirkungsgrad ‚Eisenverlustlose Technik'.

manentmagnet und mitdrehender Rückschluss blau dargestellt. Sie sind beide ein Teil des Rotors und mechanisch mit der Welle verbunden. Fertigungstechnisch ist das nicht einfach zu realisieren. Man bedenke, dass eine ‚frei fliegende' Wicklung zwischen zwei sich drehenden Teilen, dem Permanentmagneten des Rotors und dem Eisen für den magnetischen Rückfluss sitzt, im Bild ist sie dunkelrot eingezeichnet. Der zu erreichende Wirkungsgrad ist jedoch beachtlich. Bild 44 zeigt die Darstellung einer Berechnung. Er liegt im ganzen spezifizierten Betriebsbereich von 10 A bis 40 A um die 90 % und erreicht bei Strömen zwischen 10 A und 20 A sogar Traumwerte von bis zu 92 %.

Weitere Maßnahmen um den Wirkungsgrad zu erhöhen

Wie weiter oben erwähnt, ist der Innenwiderstand Ri und der Leerlaufstrom I_0 für den Wirkungsgrad maßgebend. Es soll nachfolgend beschrieben werden, auf was die Hersteller achten, um diese beiden Größen möglichst klein zu halten.

Kleines Ri:

Ri hängt direkt vom Wicklungswiderstand ab. Ein kleines Ri würde dann erreicht werden, wenn kurzer und dafür dicker Draht in kleiner Windungszahl N gewickelt würde. Das würde jedoch nach der Berechnungsformel für das kV auf hohe Drehzahlen führen, da N dort im Nenner steht, es sind ja eben wenige Turns. Da die Motorkonstante kM, welche auf das Drehmoment führt, umgekehrt proportional zum kV verläuft, wäre dann dafür das Drehmoment relativ klein. Will man drehmomentstarke Motoren für Direktantriebe bauen, bleibt gar nichts anderes übrig, als dünnere Drähte mit größerer Windungszahl zu wickeln. Das ist für das Ri gleich auf zweierlei Hinsicht schlecht. Eine größere Windungszahl führt auf eine größere Drahtlänge und der dünne Draht auf einen kleineren Querschnitt. Beides vergrößert den Wicklungswiderstand. Speziell bei Außenläufern, mit welchen man ja ebenfalls ein großes Drehmoment erreichen möchte, gibt es noch etwas zu beachten. Man blättere dazu noch einmal zu Bild 28 zurück. Es ist selbstverständlich nur der vertikale Leiterverlauf auf der Länge L, welcher zur Krafterzeugung beiträgt. Die Wickelköpfe oben und unten erzeugen keine Kräfte, welche den Rotor drehen können. Sie sind also so gesehen nutzlos. Vergleicht man die Statorform der Außenläufer mit den Innenläufern, so sind die Außenläufer häufig kurz und dick, währenddessen die Innenläufer lang und schlank sind. Lange und schlanke Innenläufer haben also weniger ‚nutzlosen' Kupferanteil als kurze und dicke Außenläufer, bei welchen die Wicklungen bereits nach einer kurzen Strecke wieder gewendet werden müssen. Drehmoment ist aber gleich Kraft × Radius. Bei größerem Radius gibt es mehr Hohlraum für die Kupferwicklung. Deshalb kann man dafür oftmals auch etwas größere Drahtquerschnitte bei gleicher Windungszahl realisieren, was das Ri wieder verkleinert.

Untersucht man noch einmal die Formel für kV, welche ja auch für das umgekehrt proportionale kM steht, so sieht man, dass die Induktion B wie die Windungszahl N ebenfalls im Nenner steht. Eine kleine Drehzahl bzw. ein großes Drehmoment kann man also auch erreichen, indem man die Induktion B vergrößert. Die heute oft eingesetzten Neodym-Magnete erreichen in Kombination mit kleinen Luftspalten Traumwerte von bis zu 1,4 T. Auch diesem Material ist es zu verdanken, dass man im Vergleich zu früher bei den Wicklungen kleinere Windungszahlen mit größerem Querschnitt und damit kleinere Ri realisieren kann.

Kleines I_0:

Der Leerlaufstrom konnte im Vergleich zu den Gleichstrom- oder Bürstenmotoren schon sehr stark verkleinert werden, da der mechanische Kontakt zur Welle jetzt nur noch über das Kugellager führt. Es gibt jedoch außer den mechanischen Lagerverlusten noch andere, welche ebenfalls den Leerlaufstrom beeinflussen.

Bei normalen Innenläufern dreht sich das Eisen für den Rückfluss nicht mit, es ist dann identisch mit dem Gehäuse (zum Vergleich dient auch Bild 12). Eisen ist auch ein guter Leiter. Ein wechselndes Magnetfeld wirkt auf leitende Materialien genau gleich, wie wenn man diese darin bewegt (Bild 27). Somit wird lokal eine Spannung induziert und es fließen dadurch auch lokal Ströme, was zu einer Erwärmung des Eisens führt. Diese Erwärmung trägt ebenfalls zur Verlustleistung (× Zeit) bei und muss vom Akku geliefert werden. Sie führt deshalb zu einem höheren Leerlaufstrom. Er ist umso größer, je schneller die Leerlaufdrehzahl ist, da dann das Eisen auch schnellere Magnetfeldwechsel erfährt.

Auch bei Außenläufern kommt das so vor. Hier läuft der Rückfluss durch den innenliegenden Stator. Aus diesem Grunde sind die Statoren wenn möglich mit einer Aneinanderreihung von Blechen ausgeführt. Sie sind jeweils gegeneinander isoliert. So wird zwar immer noch eine Spannung induziert, aber es kann kein oder nur noch ein kleiner Strom fließen. Die Aneinanderreihung aller Bleche ist dann das sogenannte Blechpaket. In der Praxis werden die Bleche meistens in der Dicke von etwa 0,2 mm (hochwertige und teure Motoren) bis 0,5 mm (günstige Motoren) ausgeführt. Größere Dicken haben fast keine Wirkung mehr, während bei kleineren Dicken die Isolation die wirksame Eisenlänge zu stark reduziert.

Bei Innenläufern werden aus demselben Grund oftmals auch die Permanentmagneten des Rotors in gegeneinander isolierten Scheiben ausgeführt.

Die weiter oben behandelten Rastmomente rufen ihrerseits ebenfalls zusätzliche Wirbelstromverluste hervor. Sie sind jedoch viel kleiner als diejenigen, welche durch das Umpolen des Magnetfeldes hervorgerufen werden.

Schließlich sind auch noch die sogenannten Hystereseverluste zu erwähnen. Im Eisen befinden sich Dipole, welche sich nach dem Magnetfeld ausrichten. Sie sind letztlich für die magnetische Wirkung verantwortlich. Man kann als kleines Experiment einen Nagel mit einem Permanentmagneten magnetisieren. Nachdem dieser entfernt wurde, ist er immer noch schwach magnetisch, weil die Dipole in dieser Position verharren. Das Umpolen des Magnetfeldes zwingt die Dipole ebenfalls die Richtung zu wechseln. Dies geschieht auch unter Abgabe von etwas Wärme und diese Arbeit muss auch von der Batterie verrichtet werden.

Mechanische Verluste, Wirbelstromverluste durch Ummagnetisierung, Wirbelstromverluste durch das Rastmoment und Hystereseverluste, tragen alle zu einem größeren Leerlaufstrom I_0 bei.

3.8 Erkenntnisse in Kurzform

Auch in diesem Kapitel werden die wichtigsten Erkenntnisse noch einmal zusammengefasst.

Die Kenngröße kV oder U/(MinV) ist die wichtigste Kenngröße eines Brushless-Motors. Wird sie mit der Batteriespannung am Eingang des Reglers multipliziert, erhält man in etwa die maximale Leerlaufdrehzahl des Motors.

Die Kenngröße kM ist umgekehrt proportional zu kV. Sie beschreibt den Zusammenhang zwischen dem Drehmoment und dem Motorstrom und berechnet sich zu kM = 1/ kV × 30/ π

Je kleiner der Wicklungswiderstand, desto drehzahlsteifer ist der Motor und desto weniger verringert sich dessen Drehzahl unter Last. In der Praxis fällt die Drehzahl mit wachsendem Motorstrom (und Drehmoment) meist stärker ab als berechnet, weil zum Wicklungswiderstand auch der Widerstand der Zuleitung und die Innenwiderstände der Batterie und des Brushless-Reglers addiert werden.

Der optimale Bereich der Betriebsdrehzahl liegt etwa zwischen 2/3 und 9/10 der Leerlaufdrehzahl. Beim Betrieb in der Nähe der Leerlaufdrehzahl oder unterhalb 2/3 der Leerlaufdrehzahl sinkt der Wirkungsgrad.

Viele ‚Turns' heisst kleines kV und grosses kM. Der Motor dreht langsam und für ein bestimmtes Drehmoment benötigt er einen kleinen Strom.
Wenig ‚Turns' heißt großes kV und kleines kM, Der Motor dreht schnell und für ein bestimmtes Drehmoment benötigt er einen großen Strom.

Beim Leistungsbergriff muss zwischen der elektrischen Leistung und der mechanischen Leistung unterschieden werden. Bei einem Motor ist die mechanische Leistung um die Verlustleistung kleiner als die elektrische Leistung. Die Verlustleistung ist für die Erwärmung des Motors verantwortlich.

Im Bremsbetrieb funktioniert der Motor als Generator bzw. als EMK-Bremse. Sowohl Strom als auch Drehmoment sind negativ. In diesem Fall wird Energie in den Akku zurückgespeist, er wird also aufgeladen.

Der Wirkungsgrad ist das Verhältnis zwischen der mechanischen Leistung und der elektrischen Leistung. Der Leerlaufstrom und der Wicklungswiderstand verschlechtern ihn. Die Hersteller versuchen deshalb, diese beiden Größen möglichst klein zu halten.

4. Brushless-DC-Regler

Nachdem die Funktionsweise und die Kennzahlen der Brushless-Motoren nun bekannt sind, wird das folgende Kapitel ganz den Brushless-Reglern gewidmet. Wie bereits in Kapitel 1 besprochen, bilden Brushless-Motor und -Regler immer eine Einheit. Im vorliegenden Kapitel 4 werden vorerst die Grundfunktionen mit einigen Beispielen besprochen. In den beiden nächsten Kapiteln 5 und 6, in welchen typische Lasten von Modellen und Praxisbeispiele von Reglern und Motoren behandelt werden, wird oftmals auf Kapitel 4 Bezug genommen werden.

In Bild 45 sind alle Komponenten eines modernen Brushless-Reglers dargestellt. Die Funktion der einzelnen Blöcke und deren Verschaltung untereinander wird an dieser Stelle nur in der Übersicht besprochen. Jedem einzelnen Block ist danach ein eigenes Unterkapitel gewidmet.

Es fallen sofort zwei sehr große Blöcke auf, der **Mikrokontroller** und die **Endstufe**. Sie sind die wichtigsten Komponenten eines Brushless-Reglers. Die Endstufe wird hier zunächst als eine Kombination von (elektronischen) Schaltern dargestellt. Die drei zu den Anschlüssen des Brushless-Motors führenden Leiter L1, L2 und L3 sitzen immer in der Mitte von zwei Schaltern. Es sind also insgesamt sechs von diesen vorhanden. Der Mikrokontroller steuert jeden einzelnen an, es führen also sechs Datenleitun-

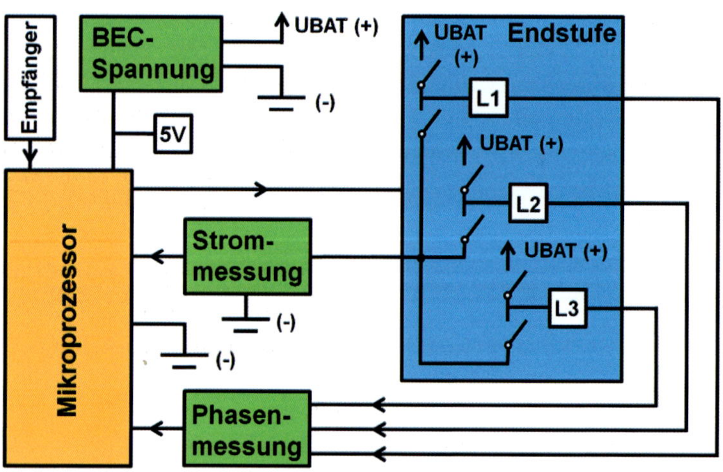

Bild 45: Blockschaltbild eines Brushless-Reglers mit Phasenmessung.

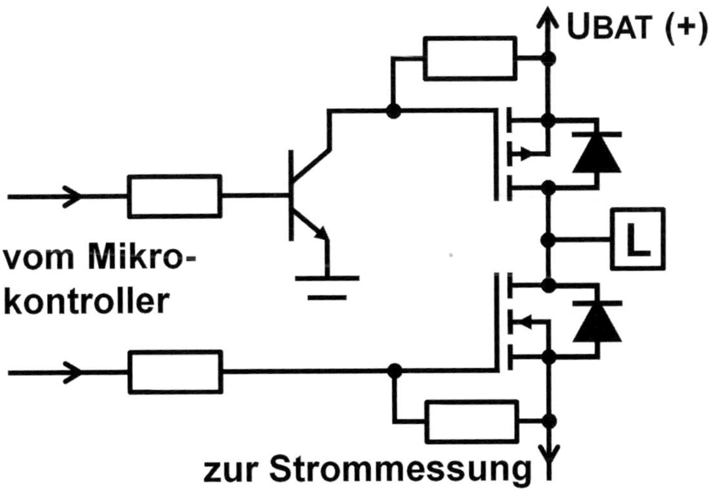

Bild 46: Schema von zwei Schaltern für die Ansteuerung von einem der drei Leiter.

gen zur Endstufe (eingezeichnet ist der Übersicht halber nur eine). Die Schalter sorgen dafür, dass an den drei Leitern jeweils nur die positive Batteriespannung U_{BAT} (+), die negative Batteriespannung GND (-) oder gar keine Spannung anliegt. Die richtige schnelle Folge von positiver und negativer Batteriespannung erzeugt im Motor die gewünschte Sinusspannung bzw. den gewünschten Sinusstrom.

Damit der Mikrokontroller in (fast) jeder Situation eine Information über die Rotorlage hat, wird eine **Phasenmessung** durchgeführt. Viele Eigenschaften und Vorteile des Brushless-Motors und –Reglers beruhen auf dieser.

Die **Strommessung** und die **BEC-Spannung** gehören nicht zu der Kernfunktion des Brushless-Reglers, sie sind jedoch ebenfalls meistens Bestandteil von diesem. Durch die Strommessung verfügt der Regler über eine zusätzliche Information über den Motorstrom und mit der BEC Spannung werden weitere Verbraucher im Modell wie der Empfänger und die Servos über den Akku versorgt.

4.1 Endstufe

Bild 46 zeigt das Schaltschema für einen der drei Leiter. Die ganze Endstufe besteht aus drei identischen solchen Schaltungen. Die Schalter werden in der Elektronik durch sogenannte MOSFET realisiert. Der untere der beiden ist ein sogenannter N-Kanal-MOSFET. Wenn der Mikrokontroller 5 V (logisch 1) ausgibt, schaltet er durch, das heißt, er verbindet den Ausgang L mit Ground, mit der Minusspannung des Akkus also. Wenn der Mikrokontroller 0 V (logisch 0) ausgibt, sperrt er, das heißt, er trennt die Verbindung zwischen Ground und L. Beim oberen MOSFET gestaltet sich die Sache wegen der Spannungspegel etwas komplizierter. Wenn der Mikrokontroller hier 5 V ausgibt, schaltet zuerst der vorgeschaltete Bipolartransistor durch. Am Eingang des MOSFET, dem sogenannten Gate, liegen dann 0 V an. Da es sich um einen sogenannten P-Kanal-MOSFET handelt, schaltet dieser in diesem Falle ebenfalls durch. Er verbindet dann die Plusspannung der Akkus mit dem Ausgang L. Wenn der Mikrokontroller 0 V ausgibt, sperrt der MOSFET. Die Plusspannung des Akkus ist dann also von L getrennt. Insgesamt sind folgende drei Schaltkombinationen denkbar, siehe Tabelle 6 auf der nächsten Seite.

Eine vierte Kombination, bei welcher beide MOSFET durchschalten, ist vom Mikrokont-

Tabelle 6: MOSFET Schaltkombinationen		
oberer MOSFET (P)	unterer MOSFET (N)	Leiter L
sperrt	schaltet durch	Minusspannung des Akkus
schaltet durch	sperrt	Plusspannung des Akkus
sperrt	sperrt	keine definierte Spannung

roller tunlichst zu vermeiden, da dann die Akkuspannung kurzgeschlossen würde. In diesem Falle würde zumindest einer der beiden Transistoren wegen des zu hohen Stromes sofort durchbrennen. Es gibt auch andere Möglichkeiten, die Endstufe zu realisieren. Da der N-Kanal-MOSFET dem P-Kanal-MOSFET bezüglich seiner Leitfähigkeit überlegen ist, wird oftmals auch der obere MOSFET als N-Kanal ausgeführt. Für die Ansteuerung werden dann spezielle Treiberstufen verwendet.

Trapezförmige Spannung

Wie bereits in Kapitel 2 diskutiert wurde, benötigt der Brushless-Motor einen dreiphasigen Sinusstrom. Dieser wird bei den Brushless-Reglern mit U_{EMK}-Messung (siehe Kapitel 4.2) nur näherungsweise erreicht, da die Spannung auf den Leitern trapezförmig ausgeführt wird. Bild 47 zeigt den Verlauf der Spannung an einem der drei Leiter gegenüber der Minusspannung des Akkus. Es mag jetzt die Frage auftauchen, wie sich der Strom bei einer solchen Spannung verhält. Jede Motorwicklung beinhaltet neben dem Wicklungswiderstand auch eine Motorinduktivität. Diese wurde schon bei der einphasigen Ersatzschaltung in Bild 26 dargestellt, jedoch noch nicht behandelt. Eine Induktivität bewirkt einen gegenüber der Spannung verzögerten Stromverlauf. Bei einem trapezförmigen Spannungssignal hat das ein Verschleifen der Ecken zur Folge. Dank der Induktivität ist der Stromverlauf dem angestrebten Sinus so viel ähnlicher als die Spannung. In guter Näherung darf man also auch hier getrost von einem sinusförmigen Strom sprechen und die Ausführungen in Kapitel 2 gelten somit weiterhin.

Ein vollständiger Durchlauf einer Periode kann anstelle von der Zeit auch mit einem Winkel von 360° angegeben werden. Während 120° ist so der obere MOSFET durchgeschaltet und der Leiter liegt an der Plusspannung des Akkus. Während weiteren 120° ist der untere MOSFET durchgeschaltet und der Leiter liegt an der Minusspannung des Akkus. Während 2 × 60° sperren beide MOSFET und die Spannung steigt an bzw. fällt ab.

Teillastbetrieb, Pulsweitenmodulation

Obiger Fall gilt nur für die maximale Drehzahl. Dank des kV sind ja Umdrehungszahl und Batteriespannung eines Brushless-Motors miteinander gekoppelt. Viele Anwendungen erfordern einen Betrieb in Teillast, also nicht mit der vollen Drehzahl. Das ist bei Hubschraubern, Booten, Automodellen, Quadrokoptern und oftmals auch Flugmodellen so. Wenn der Motor mit einer tieferen Drehzahl laufen soll,

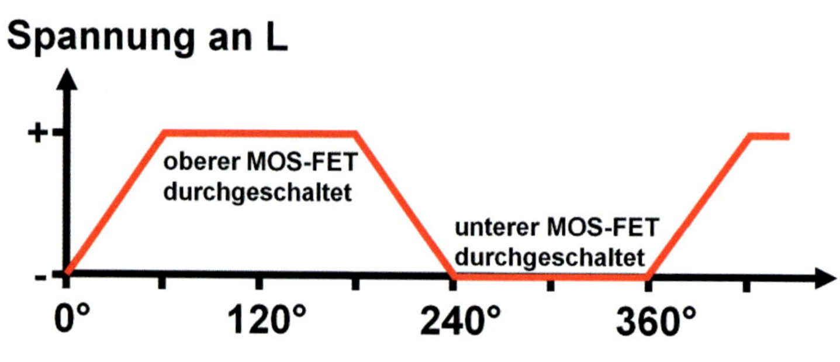

Bild 47: Trapezförmiger Spannungsverlauf an einem der drei Leiter.

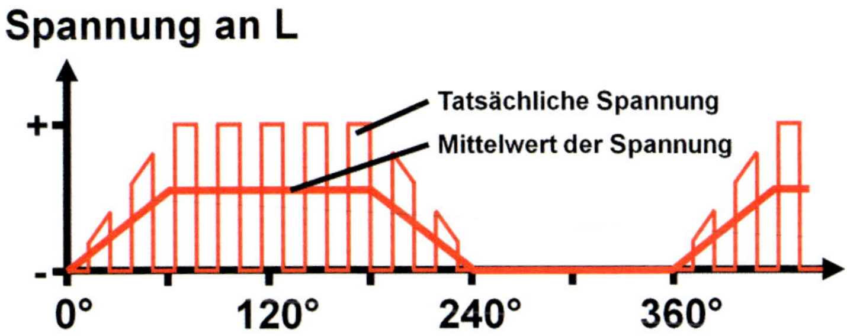

Bild 48: Trapezförmiger Spannungsverlauf an einem der drei Leiter mit PWM.

dann darf auch nicht die volle Batteriespannung anliegen. In der Praxis kann jedoch wegen der Schalter nur entweder die Plusspannung oder die Minusspannung der Batterie anliegen, ein ‚Zwischendrin' gibt es nicht. Auch hier hilft die Induktivität. Wenn die Spannung genügend schnell zwischen den beiden Zuständen hin- und her geschaltet wird, dann vermag der Strom aufgrund seiner Verzögerung nicht genügend schnell zu reagieren und es wird dasselbe Verhalten erzielt, wie wenn etwas ‚Zwischendrin' anliegen würde.

Zur besseren Vorstellung soll folgendes Gedankenexperiment dienen: Wenn man einen Lichtschalter sehr schnell ein- und ausschaltet, dann ist das Auge aufgrund seiner trägen Reaktion nicht mehr in der Lage, dies zu erkennen. So funktioniert auch der Fernsehapparat, welcher Bildfolgen mit mehr als 20 Bildern pro Sekunde als fließenden Film, als Wirklichkeit erscheinen lässt. Wenn jetzt die Zeit, während welcher das Licht ausgeschaltet ist, länger dauert, als die Zeit, während welcher das Licht eingeschaltet ist, dann erscheint es dunkler, im umgekehrten Fall heller.

Dies wird in der Technik auch Pulsweitenmodulation oder kurz PWM genannt. Bild 48 zeigt die Wirkung der Pulsweitenmodulation auf die Spannung des Leiters. Während des Winkels von 60° bis 180° ist also nicht mehr nur der obere Transistor eingeschaltet, sondern der untere und der obere wechseln sich ab. Relevant für den Motor ist dann nur der Mittelwert der Spannung. Im gezeigten Fall, wenn beide Transistoren gleich lang eingeschaltet wie ausgeschaltet sind, ist der Mittelwert gerade die halbe Akkuspannung. Wäre der obere MOSFET länger und dafür der untere weniger lang eingeschaltet, dann wäre der Mittelwert größer. Im umgekehrten Falle wäre er kleiner.

Auf die Wärmeentwicklung im Regler muss im Teillastbetrieb ganz besonders geachtet werden. Bei der Ansteuerung mit ‚aktivem Freilauf' ist aber immer einer der beiden Transistoren durchgeschaltet und zieht die Motorklemme niederohmig auf den Minus- oder Pluspol. Somit bleibt die Verlustleistung klein. Die Hersteller geben dann auch auf den Datenblättern an, ihre Regler seien ‚voll teillastfest'.

Schaltfrequenz

Die Frequenz, mit welcher die Pulsweitenmodulation hin- und herschaltet ist die Schaltfrequenz des Brushless-Reglers. Je größer sie ist, desto weniger ‚merkt' dies der Stromanstieg des Motors aufgrund der Induktivität. Jeder Schaltvorgang erzeugt im Regler jedoch Verluste, die sogenannten Schaltverluste. Man kann sich das so vorstellen, dass während des Schaltens weder der Strom noch die Spannung beim Schalter Null ist und es deshalb eine Verlustleistung (= Spannung × Strom) gibt. Sie verläuft etwa proportional zur Schaltfrequenz. Außerdem treten auch im Motor Verluste aufgrund der Schaltfrequenz auf. Da der Strom trotz seiner Verzögerung durch die Induktivität leicht schwankt, schwankt auch das magnetische Feld leicht. Die Schwankungen führen wie in Kapitel 3.7 beschrieben zu induzierten Spannungen und zu Wirbelstromverlusten im Eisen. Das verkleinert letztlich auch den Wirkungsgrad. Die Schaltfrequenz kann bei den meisten Reglern heute als Parameter eingestellt werden. Oftmals hat man die Wahl zwischen einigen Werten, beispielsweise 8 kHz, 16 kHz und 32 kHz. Wie oben beschrieben ist also die Größe der Induktivität der Wicklung ein Maß für die Wahl der Schaltfrequenz. Außerdem ist auch die Drehzahl (und die Polzahl) maßgebend, da die Sinusfrequenz des Stromes bei schnellen Motoren entsprechend höher sein muss und die Schaltfrequenz folglich noch höher. Es gilt etwa folgendes:

Außenläufer mit tiefer Drehzahl weisen typischerweise viele Turns und eine große Motorinduktivität auf. Die Schaltfrequenz ist tief zu wählen, als Beispiel 8 kHz.
Außenläufer oder Innenläufer mit hoher Drehzahl weisen typischerweise wenige Turns und eine mittelgroße Motorinduktivität auf. Die Schaltfrequenz ist mittelhoch zu wählen, als Beispiel 16 kHz.
Innenläufer mit eisenloser Wicklung und einer hohen Drehzahl weisen typischerweise wenige Turns und eine kleine Motorinduktivität auf. Die Wahl der Schaltfrequenz ist hoch zu wählen, bis zu 32 kHz.
Im Zweifelsfalle sollte wegen der Schaltverluste eher die kleinere Schaltfrequenz gewählt werden.

Praxisbeispiel
Bild 49 zeigt den Spannungsverlauf an einem Leiter für die Motor- und Reglerkombination Hacker A30-16-M und X-40-SB-Pro. Der Betrieb erfolgt im Leerlauf.

Ein Vergleich mit Bild 48 zeigt, dass die Trapezspannung umgedreht ist. Dort schaltet der untere MOSFET während 120° voll durch. Hier schaltet jedoch der obere MOSFET während 120° voll durch. Die beiden Betriebsarten sind gleichwertig. Der Motorstrom ist derselbe, ob der Mittelwert der Spannung zwischen 0 V und 4 V hin – und herpendelt oder zwischen 6 V und 10 V.

Da es sich bei diesem Motor um einen Außenläufer mit relativ hoher Motorinduktivität handelt, wurde als Schaltfrequenz 8 kHz gewählt. Zählt man die Wechsel zwischen dem oberen und unteren MOSFET beispielsweise zwischen 0,5 ms und 1,5 ms, so erhält man deren acht. Pro Sekunde ergeben sich also 8 × 1.000 = 8.000 Wechsel.

Bei der Messung sieht man auch den Mittelwert der Spannung. Das ist deshalb so, weil in der Praxis nicht gleichzeitig der untere Transistor ausgeschaltet und der obere Transistor eingeschaltet werden kann. Wegen der Bauteiltoleranzen könnte es in diesem Fall nämlich vorkommen, dass während eines kurzen Moments sowohl der obere als auch der untere Transistor durchschaltet und es so zum Kurzschluss zwischen Pluspol und Minuspol des Akkus über die beiden Transistoren kommt. Es wird deshalb immer ein kurzer Augenblick dazwischen benötigt, während welchem beide Transistoren ausgeschaltet sind. Dann liegt die vom Motor induzierte Spannung am Leiter an. Sie entspricht gerade dem Mittelwert nach Bild 48, weil ja die Motorkennzahl kV Spannung und Drehzahl verbindet. Deshalb ist die trapezförmige Spannung in Bild 49 sehr schön erkennbar.

Die Motordrehzahl kann ebenfalls aus dem Diagramm herausgelesen werden. Eine Periode dauert etwa 2,1 ms, das ergibt eine Frequenz von 1 / 0,0021 Hz = 476 Hz. Der Außenläufer hat 14 Pole, deshalb ist die Drehfrequenz nach Kapitel 2.4 um 14 / 2 kleiner. Der Motor dreht also mit 476 / 7 Hz = 68 Hz. Das ergibt eine Drehzahl von 68 × 60 U/Min = 4.081 U/Min.

Die Drehzahl kann auch noch auf eine andere Weise aus dem Bild 49 herausgelesen werden. Der Mittelwert der Spannung beträgt zwi-

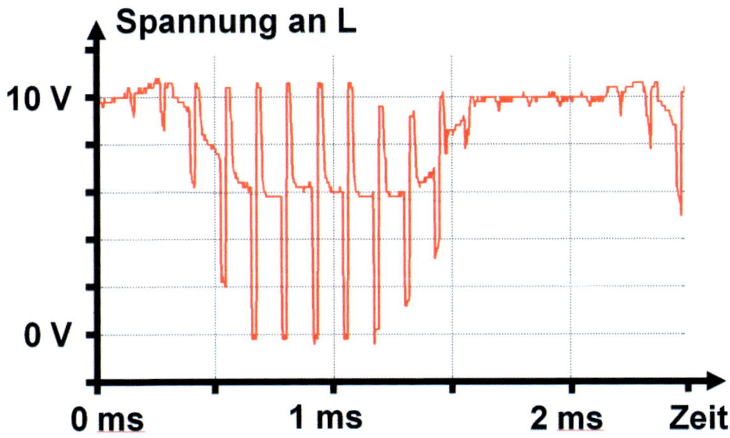

Bild 49: Messung des Spannungsverlaufs an einem der drei Leiter.

schen 0,5 ms und 1,5 ms etwa 6 V. Der Unterschied zum voll durchgeschalteten oberen Transistor beträgt 10 V – 6 V = 4 V. Die Drehzahl ist = kV × U_{BAT}. kV beträgt beim vorliegenden Motor 1.060 U/(MinV) und für U_{BAT} sind hier diese 4 V einzusetzen, also n = 1.060 × 4 U/Min = 4.240 U/Min. Diese Zahl stimmt nicht ganz mit der ersten, über die Drehfrequenz errechnete überein, einerseits sind die Werte nur abgelesen und andererseits muss die Berechnung über das kV sowieso höher liegen, da kein Leerlaufstrom berücksichtigt wird.

4.2 Timing und Messung des Phasennulldurchgangs

Der Motor befindet sich nach dem Einschalten des Modells immer im Stillstand und muss erst auf die gewünschte Drehzahl hochgefahren werden. Dies kann auf verschiedene Arten erfolgen.

Hochfahren ohne Rückmeldung der Drehzahl und Rotorposition

Es gibt mittlerweile verschiedene Arten, wie der Regler dies bewerkstelligen kann. Er kann beispielsweise mit einer trapezförmigen Spannung mit kleinem Mittelwert und kleiner Frequenz beginnen und langsam sowohl Spannung als auch Frequenz erhöhen. Eine weitere Möglichkeit ist, zuerst einen kräftigen Spannungspuls auf einen oder mehrere Leiter zu geben, um den Rotor in eine gewünschte Lage zu bringen. Bei Motoren mit Nutenwicklungen stellt sich je nach Position eine unterschiedliche Induktivität ein. Einige Hochfahralgorithmen messen diese über den Stromverlauf und geben je nach Lage unterschiedliche Spannungspulse auf die Leiter. Nach dieser ersten Positionsbestimmung wird der Rotor dann mit einem dreiphasigen Trapezsignal mit wachsender Spannung und Frequenz betrieben. Es stellt sich hierbei die Gefahr, dass der Regler den Motor zu schnell hochfahren möchte. Das kann insbesondere dann passieren, wenn das unbekannte Lastdrehmoment zu groß ist, da dann der Rotor ja wie in Kapitel 2.4 beschrieben hintennach hinkt. Dann kann der Rotor sogenannt ‚abhängen' oder ‚außer Tritt fallen'. Das heißt, er steht weiter still, während der Regler meint, er sei bereits auf Drehzahl. In der Praxis wird diese Hochfahrmethode wegen dieser Nachteile nur selten angewendet.

Hochfahren mit Rückmeldung der Drehzahl und Rotorposition

Das Stichwort hierfür ist ‚Sensorgeführter Brushless-Motor', ‚Sensorgeführter Synchron Motor' oder ‚Sensor-Brushless-Technologie'. Insbesondere bei industriellen Brushless-Antrieben werden oftmals zusätzliche Sensoren für

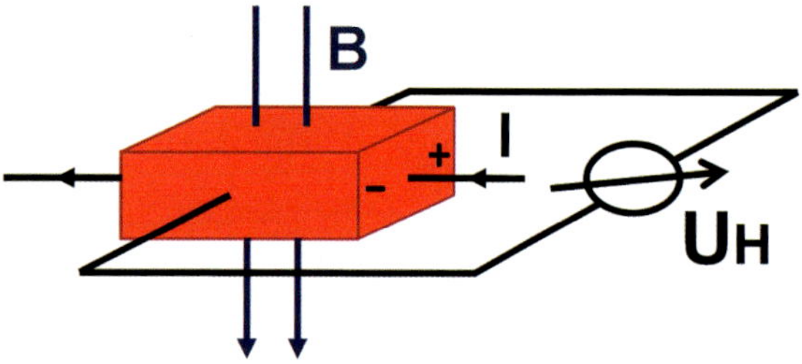

Bild 50: Halleffekt.

Bild 51: Hall-Sensoren in einem Brushless-Motor.

die Erkennung der Rotorlage und der Drehzahl eingesetzt. Es sind je nach Einsatzgebiet Hall-Sensoren, Quadratur-Encoder oder Resolver. Dies ist die Königsvariante zum Hochdrehen eines Brushless-Motors. Der Regler kennt hier zu jeder Zeit Rotorposition und Drehzahl und kann sofort reagieren, wenn einer der Werte nicht mit dem errechneten übereinstimmt. Die Variante ist aber entsprechend etwas teurer, weil zusätzliche Sensoren benötigt werden. Im Modellbau gibt es einige wenige Antriebe, welche mit Hall-Sensoren arbeiten. Bild 50 zeigt das Funktionsprinzip. Ein Halbleiterplättchen werde von einem Strom durchflossen und senkrecht dazu wirke ein Magnetfeld. Anders als bei der Besprechung der Kraftwirkung auf einen elektrischen Leiter (Bild 10) kann das Plättchen hier nicht weggedrückt werden, da es nicht beweglich montiert ist. Dafür sammeln sich die negativen Ladungen von der technischen Stromrichtung aus gesehen auf der linken Seite. Dies erzeugt eine Hallspannung, welche proportional zum Magnetfeld ist. Bild 51 zeigt, wie dieses physikalische Prinzip für die Erfassung der Rotorposition eines zweipoligen Innenläufers genutzt wird.

Die drei Plättchen in schwarzen Gehäusen werden je 120° zueinander versetzt am Stator angebracht und messen das Magnetfeld des Rotors. Bild 52 zeigt den Verlauf der verstärkten Sensorsignale für eine Umdrehung.

Sie messen je nach dessen Lage einen Nord- oder einen Südpol. Jeder Sensor hat bei dem zweipoligen Rotor eine Auflösung von einer halben Umdrehung, also 180°. Durch die Anwendung von drei Sensoren kann die Auflösung auf 60° gesteigert werden. Bei einer höheren Polzahl, beispielsweise bei einem vierpoligen Rotor, erhöht sich die Auflösung weiter. Das ist auch jeweils genau die Auflösung, welche benötigt wird, um auf die nächste Phase umzuschalten. Spezielle Anlaufalgorithmen können entfallen, da der Regler aufgrund dieser Information immer die richtige Spule bestromen kann. Der Hochlauf ist bei allen Betriebszuständen, und im Gegensatz zur nächsten diskutierten Variante auch im Stillstand und bei tiefen Drehzahlen garantiert.

Sensorloses Hochfahren, Sensorlose Brushless-Motoren

Bei dieser Variante wird etwas länger verweilt, weil sie bei fast allen gängigen Modellbaumotoren und vielen industriellen Kleinantrieben angewendet wird. Dazu soll zuerst Bild 53 betrachtet werden. Es stellt die trapezförmigen Spannungsverläufe aller drei Leiter dar. Diese sind jeweils um 120° phasenverschoben und werden vereinfacht ohne PWM gezeichnet.

Die Periode wurde in 60°-Abschnitte unterteilt. Es ist unschwer erkennbar, dass für jeden einzelnen Abschnitt gilt: ein Leiter ist auf den Minuspol des Akkus durchgeschaltet, ein Leiter ist auf den Pluspol des Akkus durchgeschaltet und ein Leiter ist weder auf den Pluspol noch auf den Minuspol durchgeschaltet, seine Spannung ist am Ansteigen oder Absinken. Es ist gerade das letztere, welches der Trapezansteuerung zum Erfolg verholfen hat. Wenn nämlich dieser eine Leiter gerade mit keiner Batteriespannung verbunden ist, dann kann er zu Messswecken zurückgeführt werden und als Sensor dienen. Dieses Prinzip heißt Phasenmessung oder U_{EMK} -Messung. Bild 54 zeigt den Verlauf der Spannung auf einem Leiter, einer Phasenspannung. Die Kommutierung erfolgt dann, wenn bei der Phasenspannung beide Transistoren sperren, wenn also auf ‚Sensor' umgeschaltet wird. So wird die im Motor induzierte Spannung am Leiter L gemessen. Bei einem induktionsarmen Motor erfolgt der Nulldurchgang, in

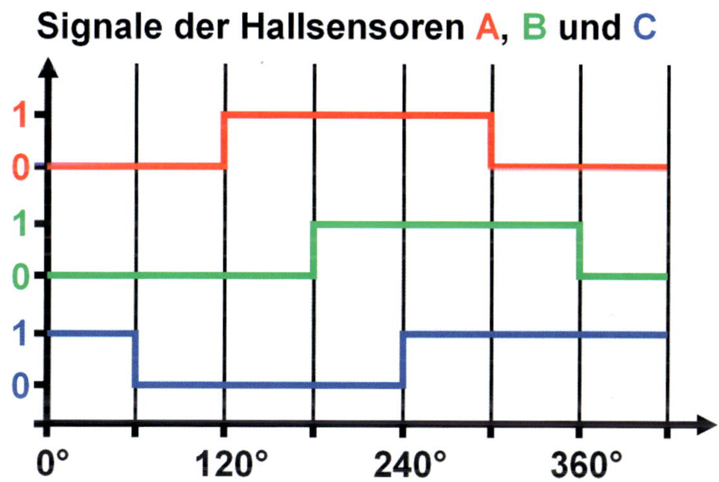

Bild 52: Logische Signale der drei Hall-Sensoren für eine Umdrehung.

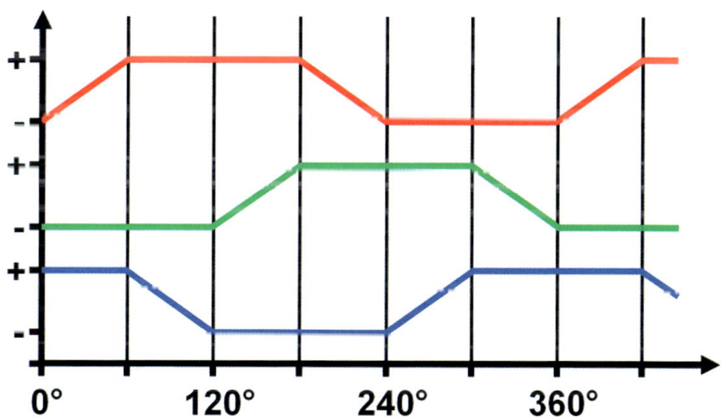

Bild 53: Trapezförmige Spannungsverläufe an allen drei Leitern.

diesem Falle die halbe Akkuspannung, jeweils etwa in der Mitte von den 60°, bis wieder einer der beiden Transistoren durchschaltet, also bei 30 Grad.

Der Nulldurchgang ist so nichts anderes als eine Information über die aktuelle Lage des Rotors und sagt dem Brushless-Regler, wann er auf die nächste Phase umschalten soll, wann also die nächste Kommutierung stattfinden soll. Erfolgt der Nulldurchgang vor 30°, dann muss der Regler die Frequenz der Trapezspannung leicht vergrößern, erfolgt der Nulldurchgang nach 30°, dann ist die Frequenz der Trapezspannung zu hoch und er muss die Frequenz leicht verkleinern.

Eigentlich ist dieses Prinzip nicht ‚sensorlos', da eine Messung und ein Feedback zum Regler erfolgt. In der Fachsprache hat sich jedoch dieser Begriff überall dort durchgesetzt, wo es zwar Messungen über den Zustand eines Systems gibt, aber dafür keine eigens dafür eingesetzten Sensoren benötigt werden. Das ist auch im vorliegenden Beispiel so. Es ist die Wicklung selbst, welche während einer kurzen Zeit jeweils als Sensor wirkt und in der übrigen Zeit für den Antrieb des Motors zuständig ist. ‚Sensorlos' heißt selbstverständlich auch immer, dass es sich preislich um eine günstige Lösung handelt. Es werden ja schließlich Teile eingesetzt, welche die Doppelfunktion ‚Messen' und ‚Antreiben' ausüben.

Der Phasennulldurchgang von Bild 54 wird mit der Schaltung in Bild 55 gemessen. Die Null-Linie ist dabei nichts anderes als der virtuelle Sternpunkt. Dieser muss im Regler mit einem Widerstandsnetzwerk nachgebildet wer-

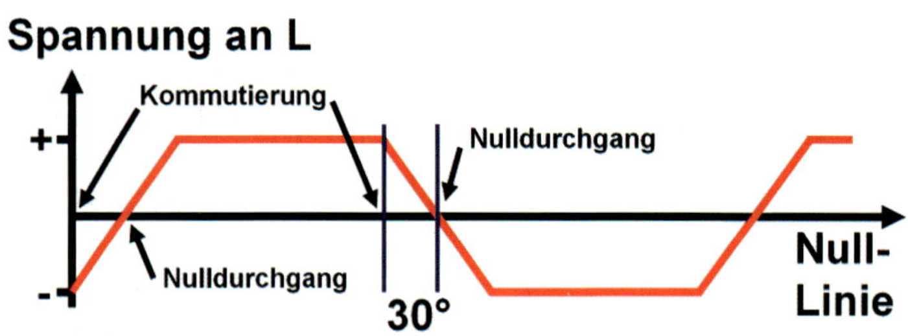

Bild 54: Verlauf einer Phasenspannung mit Kommutierung und Phasennulldurchgang.

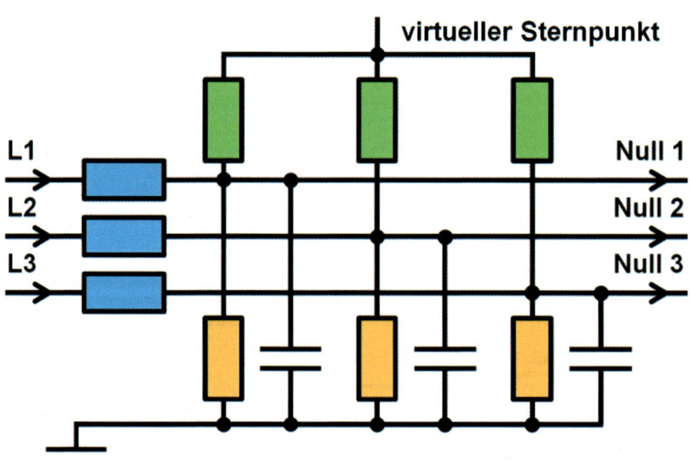

Bild 55: Schaltung für die Phasenmessung.

den, da vom Motor her nur die drei Leiter L1, L2 und L3 zurückgeführt werden. Weiter haben alle Messpunkte noch Kondensatoren gegen ‚Ground'. Da die Messresultate wegen der Schaltfrequenz meistens nicht so schön vorliegen wie in Bild 54, sondern die Formen wie in Bild 49 annehmen, müssen sie mit einer Serienschaltung von Widerstand und Kondensator noch gefiltert werden. Alle Signale, der virtuelle Sternpunkt sowie die gefilterten Messresultate Null 1, Null 2 und Null 3 werden zum Mikroprozessor geführt. Dieser kennt den Kommutierungszustand, kann deshalb die richtige Spannung mit dem virtuellen Sternpunkt vergleichen und so den Phasennulldurchgang bestimmen.

In fast allen Betriebszuständen kann der Brushless-Motor sensorlos gefahren werden. Im Stillstand geht dies jedoch nicht. Wie bereits Kapitel 3.1 und dort insbesondere die Erklärungen zu Bild 27 eröffnen, wird im Stillstand, wenn das magnetische Feld keine Relativbewegung zum Leiter ausübt, keine Spannung induziert. Somit muss sich der Regler dann wie ganz zu Beginn dieses Kapitels 4.2 erklärt so behelfen, dass er den Motor ohne Rückmeldung der Rotorposition soweit hochfährt, bis eine bestimmte relativ tiefe Drehzahl erreicht ist und die U_{EMK} -Messung eingreifen kann.

Timing

Der Phasennulldurchgang erfolgt in der Realität jedoch nicht genau bei 30°, sondern etwas später. Es wurde bereits in Kapitel 2.4 besprochen, dass der Rotor unter Last immer etwas dem Stromverlauf hintennach hinkt. Der Stromverlauf selbst hinkt wegen der Motorinduktivität ebenfalls der Trapezspannung hintennach. Es sind also zwei Faktoren dafür verantwortlich, dass der Rotor und damit der Phasennulldurchgang der angelegten Trapezspannung hintennach hinkt: die Motorinduktivität und das Lastdrehmoment.

Um diesem ‚Hintennach hinken' des Rotors zu entgegnen, hat sich in der Praxis der Begriff ‚Timing' durchgesetzt. Wenn der Phasennulldurchgang als Beispiel erst 40° nach der Kommutierung erfolgt, dann kann der Regler das so ausgleichen, dass er die Kommutierung einfach um 40° - 30° = 10° früher durchführt. Die nächste Phase übernimmt in diesem Falle um 10° früher oder anders gesagt: der Regler hat ein Timing von 10°.

Das Timing ist bei allen heutigen Reglern einer der wichtigsten Parameter. Es kann meistens auf eine konstante Größe eingestellt werden. Einige Regler können den Wert auch automatisch ermitteln (siehe Beispiel 1). Für Innenläufer mit einer eher kleinen Motorinduktivität wird bei kleinen Belastungen oftmals ein Timing von 5° gewählt. Für höhere Belastungen kann es bis zu 15° betragen, weil dann der Rotor eben noch mehr hintennach hinkt. Außenläufer mit einer größeren Motorinduktivität werden meistens mit Timings von über 15° gefahren, in Extremfällen und bei hohen Belastungen bis zu 30°. Da die Motorinduktivität mit der Polzahl steigt, hört man in der Praxis oft die Faustregel:

Timing in ° = 2 × Polzahl des Motors

Allerdings berücksichtigt diese die Motorbelastung nicht. Größeres Timing bedeutet auch, dass der Motor stärker beschleunigt und auch stärker abbremst. Es wird deshalb in der Praxis auch ‚hartes Timing' genannt. Ein ‚weiches Timing' bedeutet umgekehrt ein kleineres Timing von wenigen Grad und ein sanftes Beschleunigen und Abbremsen. Ein Motor, welcher mit hartem Timing betrieben wird, läuft auch mit einem kleineren Wirkungsgrad und zieht einen höheren Strom. Wer höhere Wirkungsgrade erzielen möchte, wählt eher ein weiches Timing und nimmt dafür in Kauf, dass der Motor nicht so stark beschleunigt.

Bei vielen Motoren ist das empfohlene Timing auf dem Datenblatt beschrieben. Es wird dabei oftmals ein Bereich angegeben. Bei einer tiefen erwarteten Motorbelas-

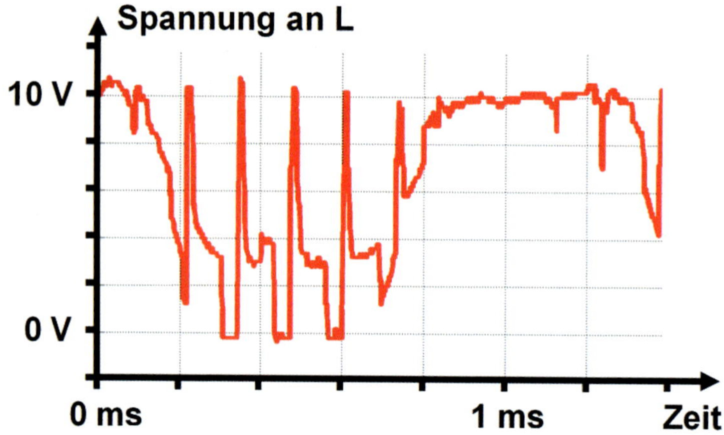

Bild 56: Gemessener Spannungsverlauf an einem Leiter.

tung, einem kleinen Drehmoment also, soll eher das kleinere (weichere) Timing, bei einer hohen erwarteten Motorbelastung eher das größere (harte) Timing eingestellt werden.

Beispiel 1:

Bei einem Leiter eines Brushless-Motors mit einem kV von 1.060 U/(MinV) stellt sich der auf Bild 56 dargestellte Spannungsverlauf ein. Es soll aufgrund der Darstellung die Drehzahl des Motors, die Polzahl und das Timing bestimmt werden.

Die Differenz zwischen dem oberen und dem unteren Spannungsmittelwert beträgt etwa 10 V – 3 V = 7 V. Die Drehzahl errechnet sich also etwa zu 7 × 1.060 U/Min = 7.420 U/Min. Das entspricht einer Drehfrequenz von 7.420 / 60 Hz = 124 Hz. Eine Periode dauert aus dem Diagramm gelesen etwa 1,2 ms. Das entspricht einer Frequenz des Drehstromes von 1 / 0,0012 Hz = 833 Hz. 833 Hz ist etwa 7-mal größer als 124 Hz. Die Polzahl ist somit 2 × 7 = 14. Das Timing errechnet sich mit der Faustformel 2 × 14° = 28°.
Der Motor ist ein Hacker A30-16-S, mit einem auf dem Datenblatt empfohlenen Timing von 20° bis 25°. Die errechneten 28° sind also ein eher hartes Timing.

Trapezspannung und Frequenz während des Hochfahrens

Nachdem die U_{EMK} -Messung oder die Messung mit den Hall-Sensoren eingegriffen hat, ist die Rotorposition und die Drehzahl für den Regler immer bekannt. Stellt er eine bestimmte Trapezspannung ein, genauer gesagt, eine bestimmte Differenzspannung zwischen dem Mittelwert der oberen und der unteren Spannung (in Beispiel 1 die 10 V – 3 V = 7 V), so ist der Motor zunächst nicht im Gleichgewicht, er dreht langsamer als der Regler es gerne möchte. Das zeigt sich so, dass nach der Ersatzschaltung von Bild 29 die Leiterspannung U_L größer ist als die induzierte Spannung U_{EMK}. Die U_{EMK} ist ja eben proportional zu der noch tiefen Drehzahl. Somit gibt es eine Spannungsdifferenz, welche über dem Wicklungswiderstand R_W anliegt, und deshalb fließt auch ein hoher Strom durch die Wicklung. Der Strom ist ja immer mit dem Drehmoment gekoppelt. Da dieses Drehmoment größer ist, als das, was die Last abverlangt, nutzt er dieses Drehmoment für die Beschleunigung auf die dem Mittelwert der Differenzspannung entsprechende Drehzahl. Das entspricht also (ohne Last gerechnet) etwa kV mal der Differenzspannung.

Bild 54 des Timing- Verlaufs gilt in der Form nur für eine konstante Drehzahl. Während der

Beschleunigungsphase kommt der Phasennulldurchgang wegen des größeren Drehmoments etwas früher und zusammen mit dem Timing fährt der Regler somit automatisch die Frequenz der Trapezspannung hoch. Je größer die Drehzahl ist, desto größer wird auch die induzierte Spannung U_{EMK}. So wird bei gleichbleibender Trapezspannung auch der Spannungsabfall über dem Wicklungswiderstand immer kleiner. Damit wird auch der Strom und letztlich das für die Beschleunigung eingesetzte überschüssige Drehmoment immer kleiner, bis sich bei der Enddrehzahl wieder ein Gleichgewicht zwischen der Trapezspannung und der durch die Drehzahl induzierten Spannung U_{EMK} einstellt.

In der Praxis fahren die Regler die Trapezspannung nicht schlagartig auf die Knüppelstellung hoch, sondern verzögert. Bei einigen Reglern, insbesondere denjenigen für die Automodelle, kann auch diese Verzögerung eingestellt werden. Zusammen mit dem harten oder weichen Timing bestimmt es die Beschleunigungswerte beim Hochfahren oder beim Bremsen.

4.3 Maximalstrom, Strommessung, Temperaturmessung

Der Maximalstrom ist einer der wichtigsten Parameter eines Brushless-Reglers. Er wird meistens als Namenszusatz verwendet. Als Beispiel diene ein Regler von Kontronik. Der ‚KOBY 70 LV' kann einen Dauerstrom von 70 A liefern. Es ist damit der Strom gemeint, welcher vom Akku zum Regler fließt. Er fließt auf dem Weg zum Motor immer erst durch die MOSFET. Diese haben im durchgeschalteten Zustand einen kleinen Widerstand, den auf vielen Datenblättern von Transistoren zu findenden ‚RDS_ON'. ‚ON' steht für ‚durchgeschaltet', RDS für ‚Widerstandswert zwischen den Anschlüssen Drain und Source'. Dieser Widerstandswert erzeugt mit dem durch ihn fließenden Strom auch einen Spannungsabfall und damit eine Verlustleistung $P = R \times I^2$. Der MOSFET sollte also eine bestimmte Größe aufweisen oder durch eine gute Verbindung zur Leiterplatte entsprechend gekühlt sein, damit er die durch die Leistung entstehende Wärme abführen kann. Viele Regler von Modellautos besitzen kleine PC-Lüfter, im Schiffsmodellbau haben einige Regler sogar einen Wasseranschluss mit Pumpe, um das Wärmeproblem noch besser in den Griff zu bekommen.

Als Praxistipp sollte ein Regler im Dauerbetrieb nicht mit mehr als mit 70 % des angegebenen Stromes betrieben werden. Er dankt es einem dafür mit einer geringeren Wärmeentwicklung und einer damit einhergehenden längeren Lebensdauer. Einen KOBY 70 LV würde der Autor also nur mit einem Dauerstrom von etwa 50 A betreiben.

Bild 57: Shunt bei einem Brushless-Regler des Mikrokopters.

Während die Endstufe und die Messung des Phasennulldurchgangs zur Minimalausrüstung aller Brushless-Regler gehören, ist die Strommessung nicht in jedem Falle mit dabei. Es geht hier um eine zusätzliche Information über den Motorstrom. Damit kann der Regler feststellen, ob er bereits im Überlastbereich betrieben wird. Der Regler kann damit vieles machen, bei einigen kann das Verhalten auch mit den Parametern eingestellt werden. Im einfachsten Falle gibt er bei zu hohem Strom einen Warnton von sich. Es gibt auch die Möglichkeit, dass er die Drehzahl etwas zurückfährt oder den Motor gar ganz abschaltet, was aber nicht bei allen Anwendungen erwünscht ist. Da eine Information über den Strom ja immer auch eine Information über das Drehmoment des Motors bedeutet, greifen einige Regler bei auf ‚automatisch' gestelltem Timing auch in dieses ein. Bild 57 zeigt den Brushless-Regler eines Quadrokopters, des sogenannten Mikrokopters und Bild 58 eine schematische Darstellung.

Der gewundene Leiter hat die Funktion, mit der Dicke des geätzten Leiters zusammen einen bestimmten definierten kleinen Widerstand zu erzielen. Der ihn durchfließende Strom erzeugt dann einen Spannungsabfall nach dem Gesetz U = R × I. Typischerweise ist der Widerstandswert des Shunts etwa in der Größenordnung von 0,01 Ω oder noch kleiner. Man bedenke: fließt ein Strom von 50 A, ergibt sich mit einem Shunt von 0,005 Ω bereits ein Spannungsabfall von 50 × 0,005 V = 0,25 V. Dieser Spannungsabfall vermindert die am Motor anliegende Spannung. Bevor der Ausgang des Shunts zu Messzwecken in den Mikrokontroller geführt wird, wird er oftmals noch mit einem Widerstand und einem Kondensator gefiltert.

Temperaturmessung

Verlustleistung ist immer mit einer Wärmeentwicklung verbunden. Sie ist es am Ende, welche die Überlastung des Reglers verursacht, indem die elektronischen Bauelemente dann über ihrer nach Datenblatt erlaubten Temperatur betrieben werden. Oftmals wird sie zusätzlich zum Strom, manchmal auch anstelle von diesem gemessen. Häufig wird dabei die Temperaturabhängigkeit des Widerstandswertes von Platin ausgenutzt. Die Sensoren heißen dann beispielsweise PT100 oder PT1000. Sie müssen dort platziert werden, wo die größte Wärmeentwicklung erzeugt wird, also in der Nähe der MOSFET. Bei Reglern, welche mit einer Temperaturmessung ausgestattet sind, können oftmals auch Parameter ähnlich der Strommessung eingestellt werden, so etwa eine Abschaltung oder Drehzahlreduktion bei einer zu hohen Temperatur.

Die Strom- und die Temperaturmessung sind redundant. Bei einem hohen Strom wird auch die Temperatur höher sein. Umgekehrt

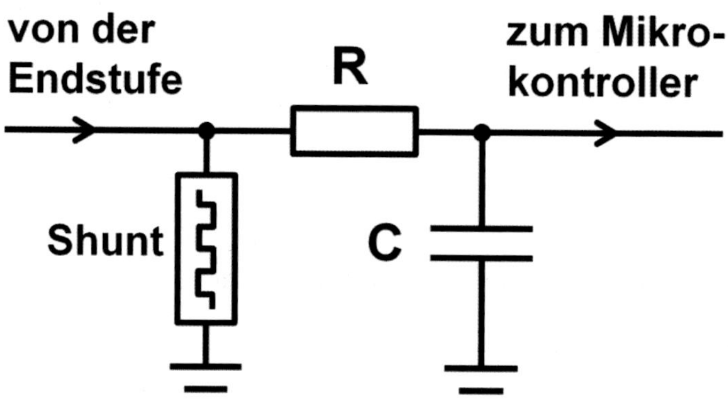

Bild 58: Schaltschema eines Shunts.

ist bei einer hohen Temperatur auch der Strom hoch, sofern nicht ein Defekt des Reglers vorliegt.

Beispiel 2:

Ein Brushless-Regler liefere einen Dauerstrom von 30 A. Der Shunt für die Strommessung weise einen Widerstandswert von *0,005 Ω* auf. *Die verwendeten MOSFET haben einen Widerstandswert RDS_ON von je 0,005 Ω. Es soll die in der Endstufe entstehende Verlustleistung berechnet werden. Der Strom fließt auf seinem Weg zuerst durch einen oberen MOSFET, dann durch die Motorwicklung und dann durch einen unteren MOSFET, bevor er durch den Shunt fließt. Die Verlustleistung in der Endstufe ist dann (0,005 + 0,005 + 0,005) Ω × 30 A × 30 A = 13,5 W.*

Bereits in Kapitel 3.3 wurde erwähnt, dass die Drehzahl bei großen Motorströmen etwas stärker abfällt, als es der bloße Innenwiderstand des Motors zuließe. Die im Beispiel erwähnten Widerstandswerte des Reglers müssen in der Praxis addiert werden. Sie sind in Summe zwar meistens kleiner als der Wicklungswiderstand, dürfen jedoch trotzdem nicht vernachlässigt werden. Gänzlich vernachlässigt wurden in dieser Berechnung die weiter oben behandelten Schaltverluste. Auch sie verursachen zusätzliche Verlustleistung.

4.4 BEC-Spannung

Wie die Strommessung handelt es sich auch bei der BEC-Spannung um etwas, das nicht zwingend ein Bestandteil eines Brushless-Reglers sein muss, jedoch meistens eingebaut ist. Die Bezeichnung BEC steht für ‚Battery Eliminator Circuit'. Übersetzt heißt das, dass es sich um eine elektronische Schaltung handelt, welche die Batterie beseitigt. Selbstverständlich funktioniert das System danach nicht ohne Batterie. Es ist damit vielmehr gemeint, dass für den Motor und den Empfänger mit den Servos nicht zwei verschiedene Akkus verwendet werden müssen. Es hätte den Vorteil der Redundanz, wenn Empfänger und Motor separat versorgt würden. Bei fast allen Modellen ist nämlich die Funktion des Empfängers viel wichtiger als diejenige des Motors. Sie muss daher höher priorisiert werden, das heißt, dass der Empfänger immer noch funktionieren muss, wenn der Motor aufgrund niedriger Batteriespannung schon abgeschaltet wurde. Speziell bei den Flugmodellen bedeutet es jedoch ein Zusatzgewicht, zwei Akkus im Modell einzubauen. Hier setzt jetzt das BEC ein. Es gibt zwei Realisierungsarten mit jeweils Vor- und Nachteilen.

BEC mit Linearregler

Viele einfachere BEC sind mit sogenannten Linear- oder Längsreglern ausgestattet. Ein Linearregler ist ein elektronisches Bauelement, welches aus der Akkuspannung, welche größer als etwa 7 V sein muss, eine konstante Spannung von 5 V oder 6 V herstellt. Wenn jetzt der Empfänger mit seinen Servos einen Strom zieht, dann wird im Linearregler die ‚überschüssige' Leistung, welche sich aus Spannungsüberschuss mal Strom berechnet, verheizt.

Beispiel 3:

Ein Modellflugzeug werde einmal mit einem 2S-LiPo mit 7,4 V und einmal mit einem 3S-LiPo mit 11,1 V betrieben. Das BEC sei mit einem Linearregler ausgeführt und müsse für den Empfänger eine Spannung von 5 V bereitstellen. Dieser zieht zusammen mit den Servos einen Strom von 2 A. Es soll für beide Fälle die im BEC anfallende Verlustleistung berechnet werden.
Für den ersten Fall gilt Pv = (7,4 V – 5 V) × 2 A = 4,8 W. Für den zweiten Fall gilt Pv = (11,1 V – 5 V) × 2 A = 12,2 W.

Wie das Beispiel zeigt, steigt die Verlustleistung mit größerer Zellenzahl an, da es dann einen größeren Spannungsüberschuss verglichen mit den am Empfänger bereitzustellenden 5 V oder 6 V gibt. Dies kann speziell dann zu einem Problem werden, wenn der Empfänger und vor allem die Servos einen sehr hohen Strom ziehen und zusätzlich die Zellenzahl groß ist. Bereits bei Verlustleistungen um die 10 W bis 20 W stellt das BEC einen nicht zu vernachlässigenden Anteil der im Regler entstehenden Verlustleistung und damit seiner Wärmeentwicklung dar. Bei Automodellen, bei welchen der Servo für die Steuerung oftmals tüchtig Strom zieht, ist mit solchen BEC Vorsicht geboten.

Die mit Linearreglern ausgeführten BEC haben aber auch einen Vorteil gegenüber den nachher behandelten Schaltreglern. Ihre für den Empfänger bereitgestellte Spannung ist sehr rausch- und störungsarm.

BEC mit Schaltregler, SBEC

Dank der heutigen Technik hat auch der Modellbau die Tendenz zu immer größeren Modellen mit höherer Leistung. Die BEC mit Linearreglern sind deshalb nur für kleinere Modelle und eine geringe Zellenzahl zu empfehlen. Dort jedoch haben sie durchaus ihre Daseinsberechtigung.

Große Modelle weisen oftmals eine sehr große Zellenzahl auf. Ihre Servos ziehen dazu auch einen hohen Strom. Somit würde ein mit Linearreglern ausgestattetes BEC eine viel zu hohe Verlustleistung und Wärmeentwicklung generieren. Deshalb werden hier BEC mit Schaltreglern eingesetzt. Die Schaltregler funktionieren einfach erklärt etwa so wie Transformatoren, jedoch mit dem Unterschied, dass keine Wechselspannungen und -Ströme, sondern Gleichspannungen und Gleichströme transformiert werden. Sie arbeiten (fast) verlustlos. Die Leistung am Ausgang des Reglers ist (fast) gleich groß wie die Leistung am Eingang.

Beispiel 4:

Ein Großmodell werde mit einem 10S-LiPo mit 37 V betrieben. Der Empfänger benötige eine Spannung von 5 V und ziehe zusammen mit den Servos einen Strom von 2,5 A. Das BEC sei geschaltet ausgeführt. Es soll berechnet werden, welchen Strom die Energieversorgung beim Akku benötigt.

Die Leistung der Empfängerelektronik mit Servos beträgt 5 V × 2,5 A = 12,5 W. Da die Leistung am Eingang des BEC etwa gleich ist wie am Ausgang, ist der Strom 12,5 W / 37 V = 0,34 A.

Das fast verlustlose geschaltete BEC generiert so auch fast keine Wärme. Zum Vergleich würde ein BEC mit Linearregler 2,5 A von der Batterie ziehen und die inakzeptable Verlustleistung von (37 – 5) V × 2,5 A = 80 W mit entsprechender Wärmeentwicklung generieren.

Da das geschaltete BEC, oftmals auch SBEC genannt, wie der Name verrät mit geschalteten Transistoren ausgeführt wird, und die Eingangsspannung ‚zerhackt', bedarf es eines etwas höheren Aufwandes, eine rauscharme und störungsfreie Empfängerspannung bereitzustellen.

Steuerspannung

Der BEC-Stecker hat immer drei Anschlüsse. Es sind dies die Standard-Servo-Anschlüsse Ground, 5 V und die Steuerspannung des Reglers. Er versorgt einerseits wie oben erwähnt, den Empfänger mit den Anschlüssen Ground und 5 V. Mit der Steuerspannung erhält der Regler im Gegenzug die Information über die Knüppelstellung des Senders. Es ist also ebenfalls dieser Stecker, welcher ihm den Befehl erteilt, eine größere oder kleinere Drehzahl einzustellen. Auch dieses Signal ist ein Pulsweitenmoduliertes (PWM-) Signal. Es ist bereits seit Jahrzehnten Standard im Modellbau. Bild 59 zeigt den Verlauf der Steuerspannung.

Das Signal wird alle 20 ms wiederholt. Ganz zu Beginn wechselt es auf logisch ‚High', 5 V also. Dort verharrt es je nach Knüppelstellung während 1 bis 2 ms. 1 ms bedeutet ‚tiefe Drehzahl oder Stillstand', 2 ms bedeutet ‚Maximaldrehzahl'. Selbstverständlich kann es auch umgekehrt sein, je nachdem, ob das Signal bei der Fernsteuerung oder dem Regler invertiert wur-

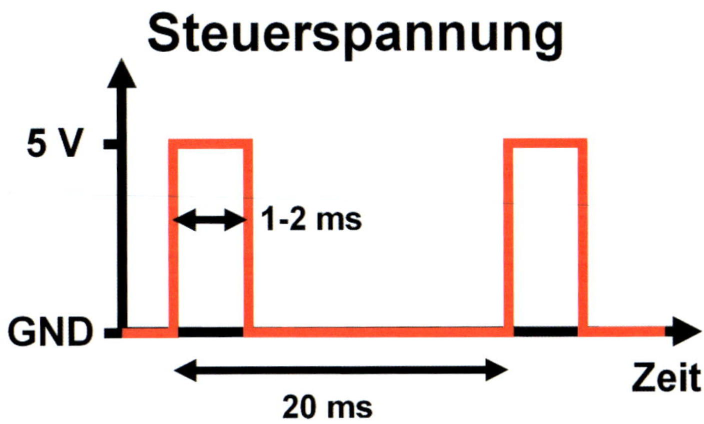

Bild 59: Steuerspannung, Pulsweitenmodulation.

de. Die Pulsweitenmodulation mit der Wiederholung von 20 ms ist heute nicht mehr für alle möglichen Anwendungen schnell genug. Bei den modernen Quadrokoptern beispielsweise ist eine schnelle Reaktion der Drehzahl wichtig, damit sie sich überhaupt stabil in der Schwebe halten können. Hier gibt es einerseits die Variante einer schnelleren PWM mit einer schnelleren Wiederholung des Signals. Andererseits wird aber dort oftmals auch eine andere Art der Kommunikation eingesetzt, ein sogenannter I2C-Bus, gelesen ‚I-Quadrat-C-Bus'.

4.5 Unterspannungsmessung und - abschaltung

Bringt ein Brushless-Antrieb einen Elektrosegler auf Höhe, dann muss gewährleistet sein, dass der Empfänger mit dem fast leeren Akku vielleicht noch eine Stunde das Thermiksegeln erlaubt. Auch bei einem Automodell mit einem LiPo-Akku ist es wichtig, dass der Motor dann ausgeschaltet wird, wenn der Akku noch nicht tiefentladen ist. Speziell dieser Akkutyp mag Unterspannungen nämlich gar nicht. Bei diesen Beispielen kommt dem richtigen Batteriemanagement größte Bedeutung zu. Es ist wieder der Brushless-Regler, welcher diese Aufgabe als ‚Energiezentrale' übernimmt. Die aktuelle Akkuspannung wird somit immer vom Regler eingelesen und ausgewertet. Da die unterschiedlichen Akkutypen, LiPo (Lithium-Polymer), NiMH (Nickel-Metallhydrid) oder NiCd (Nickel Cadmium) bei der Entladung unterschiedliche Spannungsverläufe aufweisen, muss der Regler über Zellanzahl und -Typ informiert sein. Einige Regler erkennen das aufgrund des Verhaltens der Akkuspannung selbständig, bei anderen kann es als Parameter eingestellt werden. Bei einigen Systemen kann zusätzlich eingestellt werden, bei welcher Spannung der Regler den Motor abschalten oder eine Warnung per Blinklicht oder Summer ausgeben soll.

In jedem Falle sollte man die Bedienungsanleitung genauestens studieren, wenn es um das Batteriemanagement geht. Stellt man hier etwas falsch ein, ist der einfachste Fehlerfall eine Tiefentladung des Akkus. Verliert der Empfänger aufgrund falsch eingestellter Parameter den Kontakt zum Sender, kann auch schon mal der Verlust eines Modells die Folge sein.

4.6 Betriebsmodi, Knüppelstellung = Spannung oder Drehzahl

Zu der Zeit als die Regler noch Brushed- bzw. Gleichstrommotoren betrieben, gab der Regler ein pulsweitenmoduliertes Spannungssignal aus, dessen Mittelwert proportional zur Leerlaufdrehzahl des Motors war. Der Mittelwert des Spannungssignals und damit auch die Leerlaufdrehzahl waren also proportional zur Knüppelstellung der Fernsteuerung. Das ist auch beim Einsatz von Brushless-Motoren so, mit dem Unterschied, dass eben die trapezförmigen Spannungen auf die Leiter ausgegeben werden. Wie die Motorkennlinien von Kapitel 3.3 verraten, bricht die Drehzahl unter Last etwas ein. Das ist für viele Modelle kein Problem, da es schließlich zum Wesen eines jeden Motors gehört. Deshalb ist dieser Betriebsmodus auch die Standardkonfiguration der Brushless-Antriebe.

Heli-Mode, Governor-Mode

Die Information über die Drehzahl ist jedoch durch die Messung des Phasennulldurchgangs vorhanden, und so kann mit einem Brushless-Motor und dem geeigneten Regler noch ein anderer Betriebsmodus gefahren werden, der Heli- oder Governor-Mode.

Wenn die Drehzahl bekannt ist, kann man sich auch vorstellen, dass der Regler derart parametriert wird, dass eben nicht die Trapezspannung, sondern die aktuelle Drehzahl selbst unabhängig vom Drehmoment konstant gehalten wird. Das ist speziell bei einem pitchgesteuerten Helimodell interessant. Die Regler sind hierbei mit verschiedenen Softwarelösungen für die Realisierung ausgestattet. Bei den einen entspricht die Knüppelstellung tatsächlich der Drehzahl und diese kann so variiert werden, bei anderen kann eine bestimmte Drehzahl voreingestellt werden, welche dann nach dem Durchfahren einer bestimmten Knüppelstellung, beispielsweise der Mittelstellung genau eingehalten wird, unabhängig von der Pitchstellung der Rotorblätter. Näheres dazu ist in Kapitel 5.2 zu erfahren.

4.7 Mikrokontroller und Programmierung

Die vorhergehenden Unterkapitel haben gezeigt, dass Brushless-Regler weit mehr Aufgaben zu bewältigen haben, als nur den Motor anzusteuern. Sie sind auch für das richtige Energiemanagement, für die Akkuwarnung bei Unterspannung oder für die Überwachung des Motorstromes zuständig. Das alles macht es nötig, eine Vielzahl von Parametern einstellen zu können. Wie es verschiedene Modellbauer mit unterschiedlichen Vorlieben gibt, gibt es auch unterschiedliche Möglichkeiten für die Programmierung. Eigentlich ist das Wort ‚Programmierung‘ in diesem Zusammenhang falsch. Es suggeriert, dass der Modellbauer tatsächlich programmieren muss. Er muss jedoch nie einen Software-Code schreiben, sondern darf sich darauf beschränken, die Werte der Parameter zu setzen. ‚Parametrierung‘ würde hier viel eher passen, da jedoch bei den meisten Bedienungsanleitungen immer von ‚Programmierung‘ die Rede ist, soll dieser Begriff auch hier weiterverwendet werden.

Die Möglichkeiten sind etwa die folgenden, sie werden nach der Auflistung in Unterkapiteln besprochen.

- Programmierung über den Sender, Taster, Jumper oder Summer
- Programmierung über eine Programmierbox
- Programmierung über eine USB-Schnittstelle und PC-Software

Damit ein Regler überhaupt programmiert werden kann, bedarf es eines Mikrokontrollers. Bereits auf Bild 45, dem Blockschaltbild des Reglers, ist ersichtlich, dass alle wichtigen Informationen und Steuerleitungen zu ihm hin oder von ihm weg führen. Ausnahmslos alle Brushless-Regler beinhalten einen mehr oder weniger schnellen Mikrokontroller, welcher alle besprochenen Aufgaben übernimmt und fallweise eben auch vom Anwender parametriert bzw. programmiert werden kann.

Programmierung über den Sender, Taster, Jumper oder Summer

Diese Programmierungsart stellt die einfachste Möglichkeit dar. Sie wird nicht nur bei kleineren Reglern mit wenigen Eingriffsmöglichkeiten eingesetzt, sondern auch bei Reglern mit hohem

Automatisierungsgrad. Hier erkennt die Software die verschiedenen Betriebsmodi aufgrund des Motorverhaltens selbstständig und stellt die Parameter fast ohne den Eingriff des Benutzers ein. Einige Systeme verfügen über keinen Taster. Hier wird der Programmiermodus über eine bestimmte Fernsteuerungs- Knüppelstellung beim an den Empfänger angeschlossenen Regler erreicht. Der Regler quittiert dann die in der Bedienungsanleitung angegebenen Parametereinstellungen mit einer Folge von Summentönen. Mit dem Hebel der Fernsteuerung können dann die Parameterwerte eingestellt werden.

Hat der Hersteller dem Regler einen Taster gegönnt, so können die Parameterwerte auch mit einer Folge von Tastendrücken eingegeben werden. Wenn als Beispiel nach einem ersten langen Ton die Stärke der EMK-Bremse gefordert wird, kann dies mit einem, zwei oder drei Tastendrücken quittiert werden, je nach der gewünschten Einstellung.

Bei verschiedenen Systemen können einfache Parametereinstellungen auch über einen Jumper, eine steckbare Drahtbrücke also, vorgenommen werden.

Programmierung über eine Programmierbox

Bei Reglern mit mehr Möglichkeiten für die Parametrierung wird eine Programmierbox eingesetzt. Andere Namen dafür sind auch ‚Programmierkarte' oder ‚Programmierinterface'. Bild 60 zeigt eine solche.

Wie daraus ersichtlich ist, wird die Karte meistens beim BEC-Stecker angeschlossen. Sie sendet jetzt kein Steuersignal wie in Bild 59, sondern eine vom Hersteller definierte Folge und Länge von 5 V und 0 V. Der Regler erkennt dies und schaltet auf den Programmiermodus um. Das ist selbstverständlich viel komfortabler als bei der Variante mit Taster und Sender. Jedes Untermenue, beispielsweise die Unterspannungs-Abschaltung, kann angewählt werden und es können dort dann Dinge wie Zel-

Bild 60: Programmier-Interface.

lenzahl oder der Akkutyp eingegeben werden.

Oftmals sehen die Hersteller auch eine Kombination von Programmierbox und Programmierung über den Taster vor. Mit der Programmierbox können dann alle Möglichkeiten ausgeschöpft werden, währenddessen der Taster nur die wichtigsten Einstellmöglichkeiten unterstützt.

Programmierung über eine USB-Schnittstelle und PC-Software

Die Programmierbox ist nicht gratis und sie fliegt oder fährt auch nicht im Modell mit. Oftmals wird sie nur einmal für die Einstellung benützt und danach liegen gelassen. Weil heute viele Modellbauer mit PCs ausgerüstet sind, stellen viele Hersteller auch einen kleinen Konverterprint von BEC zu USB bereit und liefern ihre Regler mit Software auf CD aus. Alternativ kann diese auch vom Internet heruntergeladen werden. Bild 61 zeigt einen solchen Konverterprint. Auf der linken Seite sind die Stecker für den BEC-Anschluss zu sehen, währenddessen auf der rechten Seite die USB Schnittstelle vom PC angeschlossen wird. Es gibt auch Schnittstellen, welche nicht auf den BEC-Anschluss

Bild 61: BEC – USB Konverterprint.

gehen, sondern direkt auf einen dafür vorgesehenen Stecker auf dem Regler. Mit einer Softwareoberfläche können jetzt dieselben Funktionen wie mit der Programmierbox realisiert werden. Sie ist sozusagen eine Programmierbox auf dem Bildschirm. Der Konverterprint ist günstiger herzustellen als die Programmierbox. Dies ist als Vorteil zu werten. Ein Nachteil ist es jedoch, dass man immer einen PC zur Hand haben muss, um Änderungen bei der Parametrierung vorzunehmen. Die Parametrierung findet jedoch meistens am Modell auf dem Flugplatz, am Ufer eines Sees oder neben der Rennpiste statt und dort ist eine Programmierkarte etwas handlicher als ein PC. Beide Lösungen sind jedoch gleichwertig und viele Hersteller bieten für ihre Regler beide Optionen an.

Nichtflüchtiger Speicher

Es ist heute Stand der Technik für alle Regler, dass einmal eingestellte Parameter auch nach der Entkoppelung von der Batterie gespeichert bleiben. Alle heute eingesetzten Speicher sind sogenannt nichtflüchtig. Es wird hier dieselbe Technologie wie bei den in der PC-Welt weit verbreiteten USB-Memory-Sticks eingesetzt. In der Praxis hört man jedoch manchmal, dass Parameter verloren gegangen sind. Wer seiner Sache sicher gehen möchte, testet diese vor dem Start kurz durch, speziell dann, wenn er das Modell zuvor eine Weile lang nicht betrieben hat.

Abschaltanalyse

Es kann verschiedene Gründe haben, dass der Regler die Drehzahl des Motors zurücknimmt oder ihn sogar abschaltet. Die Akkuspannung kann zu tief sein, der Motorstrom zu hoch, der Regler zu heiß oder im Extremfall kann sogar die Messung des Phasennulldurchgangs wegen eines Wackelkontaktes ausfallen. Hier ist es sehr wünschenswert, dass der Modellbauer im Nachhinein etwas über die Gründe erfahren kann. Es gibt kein unsichereres Gefühl als dasjenige, nichts über die Ursachen eines Ausfalls zu wissen und die Gewissheit, dass sich dieser jederzeit wiederholen kann. Verschiedene Regler bieten dafür heute eine Abschaltanalyse. Sie ist so etwas wie eine Blackbox bei den großen Flugzeugen, nur halt etwas einfacher ausgeführt.

Im einfachsten Fall ist es ein Blinkmuster mit Leuchtdioden auf dem Regler, welches verschiedene Fehlerfälle im Betrieb darstellt. Mithilfe einer Tabelle in der Bedienungsanleitung kann man dann dem Fehler auf die Spur kommen. Es gibt jedoch bei aufwändiger ausgeführten Reglern auch die Möglichkeit einen PC anzuschließen. Es können dann sogar die zeitlichen Verläufe der Signale kurz vor und während des Abschaltens mitverfolgt werden. Dies kann bei der Analyse des Fehlerfalls von großer Bedeutung sein. Es hilft mit, den aufgetretenen Fehler in der Zukunft zu vermeiden, indem je nach Verlaufsbild der Signale entsprechende Maßnahmen getroffen werden können.

4.8 Erkenntnisse in Kurzform

Nachfolgend werden wieder die wichtigsten Erkenntnisse aus Kapitel 4 zusammengefasst:

Der Brushless-Motor wird mit einer trapezförmigen Spannung angesteuert. Hierbei ist während 120° der obere Transistor und während 120° der untere Transistor auf den Leiter durchgeschaltet. Während der übrigen 2 × 60° einer Periode sperren beide Transistoren und der Leiter kann für die Messung

des Phasennulldurchganges benützt werden. Für den Teillastbetrieb und zum Hochfahren des Motors werden kleinere Spannungen als die Batteriespannung mit der Pulsweitenmodulation realisiert.

Die Schaltfrequenz liegt meistens zwischen 8 kHz und 32 kHz. Tiefe Schaltfrequenzen werden bei Motoren mit hoher Motorinduktivität (typischerweise Außenläufer) gewählt. Hohe Schaltfrequenzen werden bei Motoren mit kleiner Motorinduktivität (Innenläufer mit Luftspaltwicklung) gewählt.

Mit Timing wird der Winkel bezeichnet, um welchen die Kommutierung früher erfolgt.
Hartes Timing heißt: größerer Motorstrom, schnelleres Hochdrehen. Es wird bei Motoren mit hoher Motorinduktivität, beispielsweise Außenläufer und/oder großem Lastdrehmoment eingesetzt.
Weiches Timing heißt: kleiner Motorstrom, langsames Hochdrehen. Es wird bei Motoren mit tiefer Motorinduktivität und/oder kleinem Lastdrehmoment eingesetzt.

Die im Modellbau eingesetzten Motoren funktionieren meistens im sensorlosen Betrieb. Hierbei wird die Rotorposition dann erfasst, wenn beide Transistoren der entsprechenden Phase ausgeschaltet sind.
Im Stillstand und bei tiefen Drehzahlen funktioniert der sensorlose Betrieb aufgrund der fehlenden U_{EMK} -Messung noch nicht. Der Motor muss mit einer speziellen Anlaufstrategie auf eine tiefe Drehzahl gefahren werden, bis die Messung eingreift.

Motoren, welche sensorgeführt hochfahren, gibt es im Modellbau nur wenige. In diesem Falle werden meistens Hall-Sensoren als Rückführung eingesetzt. Dies ermöglicht einen ruckfreien Start, da die Rotorposition auch bei tiefen Drehzahlen bekannt ist.

Die meisten Brushless-Regler verfügen über eine Strommessung. Sie können den Motor deshalb bei zu hohem Strom abschalten. In der Praxis sollte der Regler etwas überdimensioniert sein, er sollte im Dauerbetrieb nicht mehr als 70 % des auf dem Datenblatt spezifizierten Stromes liefern müssen.

Das BEC, (engl. Battery Eliminator Circuit) dient zur Spannungsversorgung des Empfängers und der Servos über den Motorakku. Für kleinere Modelle und eine geringe Zellenzahl wird es mit Linearreglern ausgeführt. Größere Modelle mit größerer Zellenzahl werden mit geschalteten BEC, auch SBEC genannt, betrieben.

Die Unterspannungsabschaltung sollte auf dem Datenblatt des Reglers immer genau studiert werden. Stellt man diese falsch ein, kann eine Tiefentladung eines Akkus oder der Verlust eines Modells durch Empfangsausfall die Folge sein.

Die Parametrierung oder die Programmierung des Reglers findet bei einfachen Systemen mit wenigen Einstellmöglichkeiten über den Sender oder einen Taster statt. Bei Reglern mit vielen Einstellmöglichkeiten wird eine Programmierbox oder ein BEC–USB-Konvertierungsprint mit PC-Software verwendet. Bei einigen Systemen kann die USB-Schnittstelle des PCs auch direkt am Regler eingesteckt werden.
Der Speicher aller heutigen Brushless-Regler ist nichtflüchtig. Das heißt, dass alle Parameter nach dem Abkoppeln des Akkus gespeichert bleiben.

5. Lasten

Bereits Bild 37 zeigt auf, dass der Schnittpunkt zwischen der roten Motorkennlinie und der blauen Propellerkennlinie den Betriebspunkt darstellt. Man kann also nicht einfach wählen, welchen Strom und welche Drehzahl man gerne haben möchte. Es kommt immer darauf an, welche Propellersteigung und welchen Durchmesser man beim Flugzeug verwendet oder welche Getriebeübersetzung und welche Reifen beim Auto eingesetzt werden und auf welchem Untergrund gefahren wird. In diesem Kapitel sollen die typischen Lasten von Flugzeugen, Hubschraubern, Schiffen und Autos etwas genauer unter die Lupe genommen werden.

5.1 Propeller beim Modellflugzeug

Eingehend wird die Last ‚Propeller' in *‚Schenk: der Standschub von Propellern und Rotoren'* behandelt. Es werden an dieser Stelle nur für das Verständnis wichtige Formeln daraus wiedergegeben. Einige später verwendeten Grundbegriffe sollen zuerst erklärt werden.

Propellerdurchmesser D: Der Durchmesser des Propellers, von Blattspitze zu Blattspitze gemessen.

Propellersteigung H: Da die Propellerprofile in sich verwunden sind, definieren die Hersteller die Steigung oftmals unterschiedlich. Als Faustregel nimmt man oftmals die Anstellung des Propellers bei 0,7 × (D/2). Dann denkt man sich, dass man mit diesem Winkel eine komplette Umdrehung lang Butter schneidet. Der dabei zurückgelegte Weg ist die Propellersteigung H.

Propellerfläche F: Die Fläche, welche der drehende Propeller in Anspruch nimmt, $F = \pi/4 \times D^2$.

Damit man den Standschub S und die dafür benötigte Leistung P in Funktion von der Drehzahl bestimmen kann, wird oftmals mit experimentell ermittelten Beiwerten gerechnet. Für den Standschub benötigt man den Schubbeiwert C_T (T steht für die Englische Bezeichnung Thrust), für die Leistung benötigt man den Leistungsbeiwert C_P.

So werden die beiden Formeln für die Berechnung von Standschub und Leistung zu:

$$S = C_T \cdot \rho \cdot \left(\frac{n}{60}\right)^2 \cdot D^4$$

$$P = C_P \cdot \rho \cdot \left(\frac{n}{60}\right)^3 \cdot D^5$$

Dabei sind:

S: Standschub, C_T: Schubbeiwert, ρ: Dichte der Luft, 1,24 kg/m³, n: Drehzahl in U/Min, D: Propellerdurchmesser, P: mechanische Leistung an der Welle, C_P: Leistungsbeiwert.

Da die mechanische Leistung P = n × M × π /30 ist, kann aus der Formel für die Leistung auch das Drehmoment bestimmt werden.

$$M = C_P \cdot \rho \cdot \frac{1}{2 \cdot \pi} \cdot \left(\frac{n}{60} \right)^2 \cdot D^5$$

Die Drehzahl geht also quadratisch in die Formel ein. Ein kurzer Vergleich mit Bild 37 zeigt, dass die blaue Drehzahl-/Drehmomentkennlinie parabelförmig verläuft, was immer ein sicheres Indiz für quadratische Zusammenhänge ist. Interessant ist auch der Durchmesser D. Dieser geht bei den Formeln für das Drehmoment und die Leistung mit der 5. Potenz und bei den Formeln für den Standschub mit der 4. Potenz ein. Das heißt, dass sich Leistung, Drehmoment und Schub mit größerem Durchmesser massiv erhöhen.

Beispiel 1:
Der Brushless-Regler hält einen 10“×3.8“-Propeller im ‚Heli-Mode‘ auf konstant 6.500 U/Min. Es wird ein Motorstrom von 10 A und mit einer Waage ein Standschub von 7 N (entspricht 700 g) gemessen. Es wird nun ein 12“-Propeller mit gleichem Verhältnis Steigung zu Durchmesser (H/D) auf den Motor geschraubt. Es soll der neue Motorstrom und der neue Standschub berechnet werden. Ein Propeller gleicher Bauform mit ähnlichem H/D ergibt auch ähnliche Leistungs- und Schubbeiwerte C_P und C_T. Es könnte beispielsweise ein 12“×4.7“-Propeller gewählt werden. Wie aus Kapitel 3 bekannt ist, ist der Motorstrom I proportional zum Drehmoment M. Da in den obigen Formeln für das Drehmoment und den Standschub alle Größen außer dem Durchmesser gleich bleiben, gilt: I_neu = I_alt × D_neu ^{5}/ D_alt ^{5} = 10 A × 12 ^{5} / 10 ^{5} = 24,9 A. Beim Standschub gilt analog S_neu = S_alt × D_neu ^{4}/ D_alt ^{4} = 7 N × 12 ^{4} / 10 ^{4} = 14,5 N (entspricht 1.450 g).

Das Beispiel zeigt schön den Einfluss der 5. bzw. 4. Potenz des Durchmessers. Bei einem Ersatz eines 10“- durch einen 12“-Propeller werden sowohl der Standschub als auch der Motorstrom mehr als verdoppelt. Falls nicht der Heli-Mode gewählt wird, die Drehzahl also nicht konstant gehalten wird, wird diese wegen des größeren Stromes und des Spannungsabfalls am Innenwiderstand Ri zwar leicht kleiner werden, und der neue Strom bzw. der neue Standschub wird nicht ganz so hoch sein wie im berechneten Beispiel. Die Größenordnung ‚Faktor zwei‘ wird aber auch dann noch etwa stimmen.

Beispiel 2:
Ein APC 10“×5“-E wird an einem Hacker A20-22-L mit einem 3S-LiPo-Akku betrieben. Sowohl der Akku als auch der Brushless-Regler werden als verlustlos angenommen. Es sollen für diesen Fall folgende Größen berechnet werden: Drehzahl, Motorstrom, Drehmoment, Standschub, elektrische und mechanische Motorleistung, Motorwirkungsgrad.
Die für diesen Propeller gefundenen Beiwerte sind etwa C_P = 0,035 und C_T = 0,08. Der Motor hat ein kV von 924 U/(MinV), ein Ri von 0,089 Ω und einen Leerlaufstrom I_0 von 0,75 A.
Die Formel für die rote Motorkennlinie ist: $n = (U_{BAT} - I \times Ri) \times kV$. Die Formel für die blaue Propellerkennlinie (Lastkennlinie) ist: $M = C_P \times \rho \times 1/(2\pi) \times (n/60)^2 \times D^5$. Für D wird 0,254 m eingesetzt. Es gilt weiter noch $M = (I - I_0) \times kM$, mit kM = 1/kV × 30/π = 1/ 924 × 30/π Nm/A = 0,0103 Nm/A.
Der gesuchte Betriebspunkt kann wegen der nicht linearen Propellerkennlinie nur numerisch oder grafisch gefunden werden. In Bild 62 sind die rote Motorkennlinie und die blaue Propellerkennlinie sowie deren Schnittpunkt dargestellt.

Für den Schnittpunkt (Betriebspunkt) findet man etwa n = 8.850 U/Min, I = 17 A. Das führt auf ein Drehmoment $M = (I - I_0) \times kM$ = (17 – 0,75) × 0,0103 Nm = 0,167 Nm.

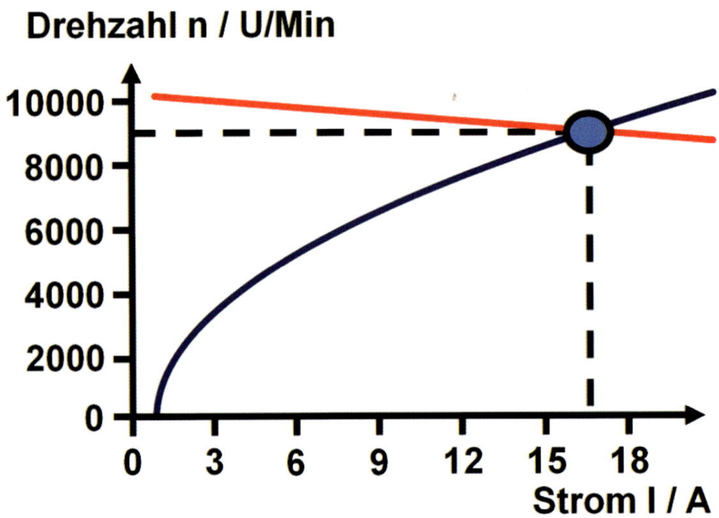

Bild 62: Darstellung der Motor- und Propellerkennlinie von Beispiel 2.

Der Standschub kann ebenfalls mit der Standschubformel berechnet werden. $S = C_T \times \rho \times (n/60)^2 \times D^4 = 0{,}08 \times 1{,}24 \times (8.850/60)^2 \times 0{,}254^4 = 8{,}98\ N$ *(oder 898 g). Die elektrische Leistung des Motors ist* $P_{EL} = U_{BAT} \times I = 11{,}1\ V \times 17\ A = 187\ W$. *Die mechanische Leistung ist* $P_{MECH} = n \times M \times \pi / 30 = 8.850 \times 0{,}167 \times 3{,}1415 / 30\ W = 155\ W$. *Der Motorwirkungsgrad schließlich ist* $\eta = P_{MECH} / P_{EL} = 155\ W / 187\ W = 82{,}9\ \%$.

Für eine Berechnung des Betriebspunktes benötigt man also außer den schon in Kapitel 3 hergeleiteten Kenngrößen zusätzlich den Propellerdurchmesser und den Leistungsbeiwert C_P. Möchte man noch den Schub berechnen, dann benötigt man zusätzlich noch den Schubbeiwert C_T. Für viele Propellertypen sind diese Werte in ‚Schenk: Der Standschub von Propellern und Rotoren' zu finden. Wer etwas stöbert, findet sie auch im Internet. Häufig sind auch sogenannte k-Werte als Beiwerte aufgeführt (achtung, Verwechslungsgefahr). Sie können aber leicht auf die in den Formeln benötigten C-Werte umgerechnet werden. Es gilt: $C_P = k_P \times 12{,}18$ und $C_T = k_T \times 3{,}88$. Die Berechnung aus Beispiel 2 nehmen einem heute auch Programme im Internet ab (Bsp. www.eflight.ch oder andere). Sie können auch zusätzlich den Innenwiderstand des Akkus und des Brushless-Reglers berücksichtigen. Der relevante Gesamtwiderstand ist schließlich nur eine pure Addition der einzelnen Innenwiderstände. Außerdem sind die Daten von vielen Propellern, Motoren, Reglern und Akkus bereits gespeichert. Es ist also online möglich, eine komplette Antriebseinheit inklusive Propeller durchzurechnen. Die Abweichungen zur Realität würde der Autor, welcher schon viele Berechnungen und Messungen miteinander verglichen hat, auf bis zu 10 % schätzen.

Wahl des Propellers

Meistens wählt der Modellbauer denjenigen Propeller, welchen der Hersteller für den Motor und die Zellenzahl des Akkus vorschlägt. Es ist auch schwierig, ob der Vielzahl der verschiedenen Anbieter (sowohl der Motoren als auch der Propeller) die Übersicht zu behalten. Es gibt jedoch eine Kenngröße, auf welche ganz speziell geachtet werden sollte: das Verhältnis der Propellersteigung H zum Propellerdurchmesser D (H/D).

Die bei einem Flugzeug umgesetzte Leistung ist bezogen auf ein Flugzeug gleich der Schubkraft mal der Fluggeschwindigkeit, da P = F × v ist. Speedflugmodelle müssen also auch bei einer hohen Geschwindigkeit immer noch Schubkraft für den Figurenflug entwickeln können.

Auf der anderen Seite stehen Modelle, welche sehr langsam fliegen, Slow- oder Parkflyer beispielsweise. Sie benötigen nur bei tiefen Geschwindigkeiten Schub. Der Extremfall sind kleine drehzahlgesteuerte Helis oder die neue Modellflugsparte der Quadrokopter. Dort wird meistens geschwebt und es wird somit fast nur Standschub benötigt.

Zur Erklärung, was das mit dem Verhältnis H/D zu tun hat, soll die sogenannte Strahltheorie dienen. Es wird angenommen, dass der Propeller die Luft auf der ganzen Fläche gleichmässig ansaugt. Auch beim Propeller gilt P = F × v, in diesem Falle also Leistung = Schubkraft × Strahlgeschwindigkeit. Ein Speedflieger benötigt eine große Strahlgeschwindigkeit. Um eine solche zu erreichen, muss die Propellersteigung H eher groß sein.

Bei einem Slowflyer oder einem drehzahlgesteuerten Hubschrauber, welcher keine große Strahlgeschwindigkeit benötigt, darf H kleiner sein. Damit für beide Fälle die Gesamtleistung vergleichbar groß wird, muss der Propellerdurchmesser D im ersten Fall kleiner und im zweiten Fall größer gewählt werden. Für den Kunstflieger ist also H/D eher groß, für den Slowflyer eher klein.

Speedflugmodelle. H/D = 0,7 bis 1,0
Kompromiss: H/D = 0,5 bis 0,6
Slowflyer, drehzahlgesteuerter Hubschrauber: H/D = 0,3 bis 0,4

Drei- oder Vierblatt Propeller

Bei der Anwendung von Drei- oder Vierblattpropellern stellt *‚Schenk: der Standschub von Propellern und Rotoren‘* ebenfalls Merksätze zur Verfügung:

Für einen Dreiblattpropeller vergrößert sich der Schub bei gleicher Drehzahl etwa um den Faktor 1,4 und die Leistung etwa um den Faktor 1,6, verglichen mit dem Zweiblattpropeller gleicher Bauart.
Für einen Vierblattpropeller vergrößert sich der Schub bei gleicher Drehzahl etwa um den Faktor 1,8 und die Leistung etwa um den Faktor 2,2, verglichen mit dem Zweiblattpropeller gleicher Bauart.

Die Tatsache, dass bei mehrblättrigen Rotoren die benötigte Leistung immer leicht stärker ansteigt als der Schub, heißt, dass diese etwas in der Effizienz leiden. Diese ist jedoch nicht gravierend und man darf getrost annehmen, dass ein Dreiblattpropeller etwa um die Hälfte mehr und ein Vierblattpropeller etwa das Doppelte an Schub und Leistung bringt. Da die Drehzahl aufgrund des Motorinnenwiderstandes Ri dabei etwas in die Knie geht, sind die tatsächlich erreichten Werte bei gleicher Knüppelstellung noch etwas kleiner.

5.2 Pitchgesteuerte Modellhubschrauber

Beim Governor- oder Heli-Mode entspricht die Knüppelstellung der Drehzahl. Oftmals wird auch nur eine bestimmte voreingestellte Drehzahl konstant gehalten. Bild 63 stellt die besonderen Verhältnisse eines pitchgesteuerten Hubschraubers im Governor-Mode dar.

Die blaue Kennlinie stellt die Last dar. Es wurde hier gewünscht, dass die Drehzahl über den ganzen Drehmoment- bzw. Strombereich bei 2.000 U/Min liegt, deshalb verläuft die Kurve waagerecht. Sie verläuft wirklich waagerecht, und nicht schräg nach oben rechts, es handelt sich hierbei um eine optische Täuschung! Wenn jetzt wenig Pitch gegeben wird, so dass vielleicht im Schwebeflug 10 A gezogen werden, dann kann der Motor auf der unteren roten Kennlinie gefahren werden. Wird viel Pitch gegeben, dann merkt das der Regler, indem die gemesse-

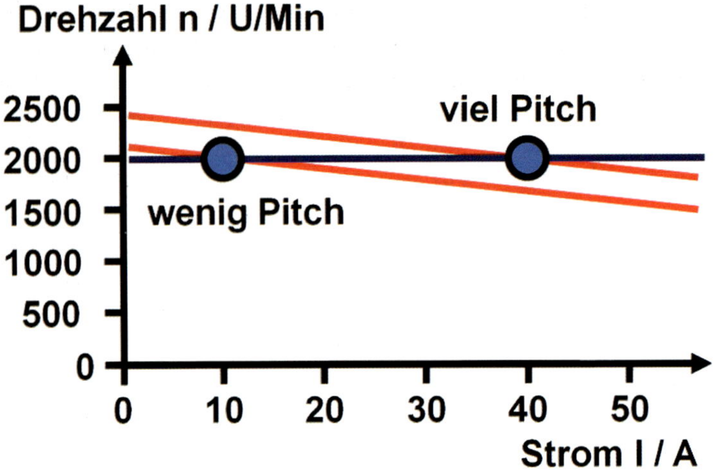

Bild 63: Kennlinien eines pitchgesteuerten Hubschraubers im Governor-Mode.

ne Drehzahl kurzzeitig einbricht. Er korrigiert das mit einem größeren Spannungsmittelwert der Trapezspannung und der Motor fährt dann faktisch auf der oberen roten Kennlinie. Die Schnittpunkte der roten und der blauen Linie, die Betriebspunkte liegen jedoch immer bei den gewünschten 2.000 U/Min, gleichgültig ob der Motor 10 A oder 40 A zieht. Mithilfe der Drehzahlmessung kann der Regler so eine perfekt drehzahlsteife Motorkennlinie erzielen.

Werden die Ströme zu hoch, funktioniert das nicht mehr. Irgendwann erreicht der Motor Vollast, gibt also die maximal mögliche Trapezspannung aus. Wird dann noch mehr Pitch gegeben, bewegt sich der Motor auf der obersten möglichen Drehzahlkennlinie (vgl. Bild 36). Die Drehzahl bricht dann ein.

5.3 Die Schiffsschraube

Für Schiffsschrauben gelten ähnliche Zusammenhänge wie bei den Propellern. Anstatt in der Luft arbeiten sie im Medium Wasser. Die angegebenen Parameter sind typischerweise etwas dürftiger als bei den Propellern. Wenn Durchmesser D und Steigung H angegeben sind, ist das bereits viel. Oftmals wird nur der Durchmesser alleine angegeben. Die Gesetzmässigkeit H/D ist aber auch hier ein Indikator für den Verwendungszweck, wenngleich die Werte aufgrund des veränderten Mediums etwas anders liegen. Typische Schiffsschrauben weisen ein Verhältnis H/D von etwa 0,8 auf. Für Rennboote gilt die gleiche Gesetzmäßigkeit wie für die schnellen Kunstflugmodelle. Das Verhältnis H/D kann hier schon einmal über dem Wert 1 liegen, im Extremfall auch über 1,5.

Sehr häufig werden im Schiffsmodellbau relativ schnelldrehende Innenläufer eingesetzt. Als Faustregel darf man hier für die Dimensionierung etwa annehmen:

Für einen Innenläufer soll eine Dreiblattschraube mit demselben Durchmesser wie der Motor eingesetzt werden. Wird ein Außenläufer eingesetzt, darf sie etwas größer sein.

Zweiblatt-, Dreiblatt-, Vierblatt-Schrauben

In Rennbooten werden meistens Zweiblatt-Schrauben eingesetzt. Sonst gelangen jedoch viel häufiger als bei Propellern Schiffsschrauben mit drei oder vier Blättern zur Anwendung. Aufgrund strömungstechnischer Zusammenhänge gilt die Aussage ebenfalls, dass Dreiblatt-Schrauben bei gleicher Drehzahl etwa um die Hälfte mehr und Vierblatt-Schrauben etwa das Doppelte an Schub und Leistung erzielen. Dass die Motordrehzahl bei mehrblättrigen Schrauben aufgrund des höheren Stromes etwas kleiner wird, gilt auch hier.

Beispiel 3:

Der Brushless-Regler hält eine Schiffsschraube mit 30 mm Durchmesser auf einer konstanten Drehzahl. Es wird ein Motorstrom von 2 A gemessen. Es wird nun eine Schiffsschraube gleicher Bauart mit 40 mm angeflanscht. Es soll der neue Motorstrom berechnet werden.

Es kann wieder die schon bei den Flugpropellern eingesetzte Formel über das Drehmoment M eingesetzt werden. Da der Strom I proportional zu M ist und alle Größen außer dem Durchmesser gleich bleiben, gilt: $I\_neu = I\_alt \times D\_neu^5 / D\_alt^5 = 5\ A \times 40^5 / 30^5 = 8{,}42\ A$. *Für den Schub gilt analog* $S\_neu = S\_alt \times D\_neu^4 / D\_alt^4 = S\_alt \times 3{,}16$. *Die größere Schraube vergrößert den Motorstrom und den Schub also massiv.*

Zu klein sollte die Schraube für eine bestimmte Drehzahl auch nicht sein, da sie dann das Wasser mit Luft von der Oberfläche durchsetzt und nicht mehr genügend Schub erzeugt.

5.4 Beschleunigen und Bremsen beim Modellauto

Während der Flugpropeller und die Schiffsschraube den Motor auf einem bestimmten Betriebspunkt halten, gestaltet sich die Sache beim Modellauto etwas komplizierter. Das ist auch der Grund, weshalb sich die Brushless-Technologie hier erst später durchsetzen konnte. Das ständige Beschleunigen und Bremsen, das Hochfahren und Herunterfahren der Drehzahl unter Last also, stellt für Autos viel höhere Anforderungen an den Brushless-Regler, als dies für Flug- und Schiffsmodelle der Fall ist.

Bild 64 zeigt ein Fahrprofil über die Zeit. Das Drehmoment M ist blau dargestellt. Die Geschwindigkeit v und die Drehzahl n sind rot eingezeichnet. Sie haben von der Form her denselben Verlauf, wenn man annimmt, dass die Räder nicht durchdrehen. Im Stillstand sind zuerst sowohl Drehmoment als auch Drehzahl 0. Wird das Auto beschleunigt, hat der Brushless-Regler die Aufgabe, den Motor auf die der Knüppelstellung entsprechenden Drehzahl zu beschleunigen. Eine große Beschleunigung setzt ein großes Drehmoment voraus und wird im Regler durch ein hartes Timing realisiert. Im Extremfall setzt der Regler das Timing so, dass der maximale Motorstrom und das maximale Drehmoment erreicht wird. So fährt die Drehzahl linear auf die Fahrtgeschwindigkeit hoch. Falls die Endgeschwindigkeit dann nicht der maximalen Drehzahl entspricht, wie im Bild dargestellt, wird für die anschließende Fahrt mit einer gleichmäßigen Geschwindigkeit nur ein mäßig großes Drehmoment benötigt. Es kompensiert die Reibungsverluste des Getriebes und den Luftwiderstand. Möchte man das

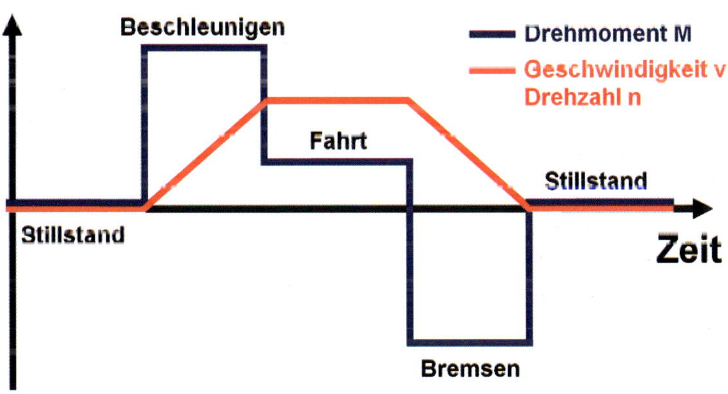

Bild 64: Fahrprofil über die Zeit für eine mittelschnelle Fahrt.

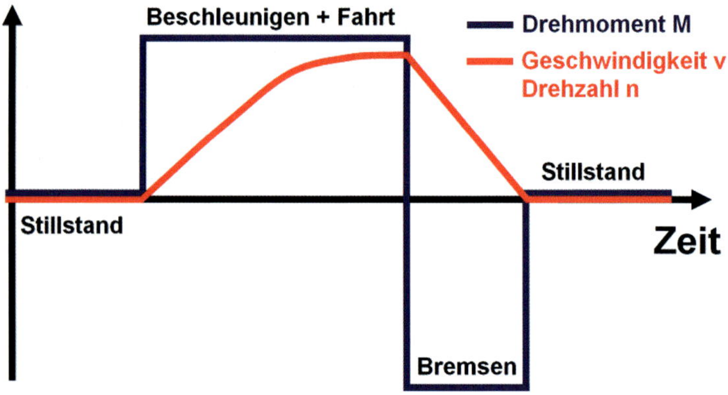

Bild 65: Fahrprofil über die Zeit für eine schnelle Fahrt.

Fahrzeug wieder zum Stillstand bringen, muss der Regler den Motor bremsen. Dazu muss das Drehmoment negativ werden, man vergleiche dazu auch das Bild 41 und die Ausführungen dazu. Hartes Timing bedeutet stark negatives Drehmoment, stark negativen Motorstrom und starkes bremsen. Weiches Timing bedeutet schwach negatives Drehmoment, schwach negativen Motorstrom und schwaches Bremsen. Der Motor bringt im Bild kurz vor dem Ende der Beschleunigungsphase, wenn Geschwindigkeit und Drehmoment am größten sind, seinen Maximalwert und nicht etwa bei der Geradeausfahrt. Dort ist das Drehmoment kleiner. In einem häufigen Fall wird der Motor auf die maximal mögliche Drehzahl beschleunigt. Bild 65 zeigt dies.

Im Unterschied zum vorhergehenden Fall flacht die Geschwindigkeitskurve oben ab. Der eine oder andere hat möglicherweise schon einmal versucht, das Gaspedal auf der Autobahn über längere Zeit ganz herunterzudrücken. Das entspricht einer Beschleunigung mit maximalem Drehmoment. Die Geschwindigkeit nähert sich dann einem Endwert und steigt nicht mehr weiter an. Dies ist dem Luftwiderstand und der mechanischen Reibung zu verdanken. Das hier dargestellte Fahrprofil entspricht genau diesem Fall. Der Motor hat seine Maximalleistung während des letzten Teils der Geradeausfahrt, wenn sowohl das Drehmoment als auch die Drehzahl maximal sind.

Der Antrieb muss auf alle möglichen Betriebspunkte ausgelegt sein. Er muss sowohl die kritische Grenze vom Stillstand zum U_{EMK}-gesteuerten Betrieb überwinden als auch optimal beschleunigen, sowie auf konstanter Geschwindigkeit fahren und bremsen können. Hier zeigt sich, was eine gute Reglersoftware bedeutet. Ein moderner Brushless-Regler erkennt die verschiedenen Betriebsphasen und stellt das Timing bedarfsweise selbstständig um. Motor und Regler für Automodelle werden deshalb oftmals als Einheit angeboten. Der Regler hat dann eine spezielle Software einprogrammiert, welche optimal auf den verwendeten Motor abgestimmt ist.

Zukunft bei Automodellen mit Brushless-Motoren: direkt angetriebene Räder

Im ersten Viertel des 21. Jahrhunderts ist das Innovationspotenzial bei Automodellen mit Brushless-Motoren riesig groß. Beim aktuellen Stand der Technik wird einfach der alte Brushed- (Gleichstrom-) Motor mit einer Antriebskombination bestehend aus Brushless-Motor und –Regler ersetzt. Das Differenzialgetriebe ist mechanisch ausgeführt, wie dies schon früher der Fall war. Wer das Kapitel 2 über die Funktionsweise der Brushless-Motoren, insbesondere die Drehmomentsteigerung der Außenläufer durch ein elektronisches Getriebe genau studiert hat, sieht sofort, dass hier noch viel mehr möglich ist. Insbesondere steigert es den Wirkungsgrad des ganzen Autos, wenn man die Hinterräder direkt mit zwei Brushless-Außenläufermotoren ansteuert und die beiden dafür benötigten Brushless-Regler softwaremässig so koppelt, dass die Summe der Drehzahlen, und nicht eine einzelne, der Knüppelstellung entspricht. So wäre ein elektronisches Differenzialgetriebe realisierbar. Auch für 4WD, mit vier direkt angetriebenen Rädern, könnte diese Technologie eingesetzt werden.

6. Praxisbeispiele

In diesem Kapitel werden die obigen Ausführungen an verschiedenen Beispielen angewendet. Den Anfang macht dabei eine Tabellenhilfe für den Kaufentscheid, bei welcher die Wichtigkeit der verschiedenen Eigenschaften von Motoren und Reglern je nach Modelltyp diskutiert wird. Es folgen einige Praxistipps zur Verkabelung und zum Einbau. Dann werden Antriebe von Propellern und Rotoren verschiedener Leistungsklassen mit einem Motorenprüfstand ausgemessen. Am Ende folgt der Umbau eines Monster-Truck-Modells von ‚Brushed' auf ‚Brushless'.

6.1 Tabellenhilfe für den Kaufentscheid

Wie es das Kapitel über die verschiedenen Lasten gezeigt hat, stellen die unterschiedlichen Modelle auch ihre eigenen Anforderungen an die Antriebskombinationen. Es ist dabei hauptsächlich der Regler gefordert. Er und seine einprogrammierte Software müssen die benötigten Eigenschaften aufweisen. Auch die Motoren sind jedoch nicht frei wählbar, sie müssen ebenfalls zur Anwendung passen. Nicht zuletzt muss sich der Modellbauer jedoch auch Gedanken darüber machen, ob er einen Regler des einen und einen Motor des anderen Herstellers kombiniert oder ob er gleich die ganze Antriebseinheit vom gleichen Anbieter bezieht. Die frühen Systeme wiesen noch ihre speziellen Eigenschaften auf. So war es durchaus möglich – und oftmals nicht nachvollziehbar – dass die eine Motor- Reglerkombination überhaupt nicht funktionierte und die andere ihren Dienst zuverlässig und in jedem Betriebsfall versah. Das ist heute jedoch weitgehend gelöst. Da die wichtigen Parameter wie Timing oder Schaltfrequenz fast bei jedem Regler eingestellt werden können und auch die Schaltungen für die Ermittlung des Phasennulldurchgangs einander stark ähneln, bringt man fast jeden Motor mit jedem Regler einigermaßen zuverlässig zum Laufen. Es sind jedoch die Feinheiten, welche die Unterschiede ausmachen. So läuft eine Kombination etwas ruckarmer an, eine andere wechselt schneller vom Motor- in den Bremsbetrieb und eine dritte fährt schneller auf die Enddrehzahl. Speziell bei Automodellen empfiehlt es sich deshalb, Regler und Motor als Set vom gleichen Hersteller zu beziehen, da dann eher gewährleistet ist, dass die einprogrammierte Software jeden Lastwechsel sauber behandeln kann.

Die folgenden Tabellen stellen eine kleine Hilfestellung dar, worauf der Modellbauer achten sollte, wenn er den passenden Brushless-Antrieb für sein Modell auswählt.

Tabelle 7: Eigenschaften des Reglers

	Motorflugmodelle	Elektrosegler	Pitchgesteuerte Helis	Drehzahl-gesteuerte Helis	Automodelle	Schiffsmodelle
Lineares BEC (Kap. 4.4)	kleine Modelle	kleine Modelle	kleine Modelle	kleine Modelle	nur sehr kleine Modelle	kleine Modelle
Getaktetes BEC (Kap. 4.4) Bei sehr großen Modellen empfiehlt sich eine separate Versorgung des Empfängers	große Modelle	große Modelle	große Modelle	große Modelle	Standard, Achtung auf Versorgung des Steuerservos	große Modelle
Drehrichtung wenn nicht vorhanden, zwei der drei Anschlüsse vertauschen	erwünscht	erwünscht	erwünscht	erwünscht	erwünscht	erwünscht
Anlaufverhalten, Sanftanlauf (Kap. 4.2)	erwünscht	erwünscht	erwünscht	erwünscht	nötig	erwünscht
Einstellbare Beschleunigung beim Hochdrehen (Kap. 4.2)	erwünscht	erwünscht	erwünscht	erwünscht	nötig	erwünscht
Blockierschutz (Kap. 4.3)	nötig	nötig	nötig	nötig	nötig	nötig
Strombegrenzung (Kap. 4.3)	erwünscht	erwünscht	erwünscht	erwünscht	erwünscht	erwünscht
Übertemperaturschutz (Kap. 4.3)	erwünscht	erwünscht	erwünscht	erwünscht	erwünscht	erwünscht
Unterspannungsabschaltung (Kap. 4.5)	nötig	nötig	nötig, Achtung Absturzgefahr, Parametrierung	nötig, Achtung Absturzgefahr, Parametrierung	nötig	nötig
Taktfrequenz einstellbar (einmalig und fix) (Kap. 4.1)	erwünscht	erwünscht	erwünscht	erwünscht	erwünscht	erwünscht
automatische Taktfrequenz (Regler wählt diese selbständig) (Kap. 4.1, 4.2)	nicht nötig	nicht nötig	nicht nötig	nicht nötig	nicht nötig	nicht nötig
Timing einstellbar (Kap. 4.2)	erwünscht	erwünscht	erwünscht	erwünscht	erwünscht	erwünscht
Automatisches Timing (Regler wählt einmalig, fix) (Kap. 4.2)	erwünscht	erwünscht	erwünscht	erwünscht	erwünscht	erwünscht
Dynamisches Timing (Regler wechselt im Betrieb) (Kap. 4.2, 5.4)	nicht nötig	nicht nötig	nicht nötig	nicht nötig	erwünscht	nicht nötig
Teillastfest (aktiver Freilauf) (Kap. 4.1)	erwünscht	erwünscht	nötig	nötig	nötig	nötig
EMK- Bremse ein / aus (Kap. 3.6, 5.4)	erwünscht	nötig (Klappschraube)	erwünscht	erwünscht	nötig	nicht nötig
EMK- Bremsverhalten einstellbar (hart / weich) (Kap. 3.6, 5.4)	nicht nötig	erwünscht (Klappschraube)	erwünscht	erwünscht	nötig	nicht nötig
Abschaltanalyse (Kap. 4.7)	erwünscht	erwünscht	erwünscht	erwünscht	erwünscht	erwünscht
Heli Modus / Governor Modus (Kap. 4.6, 5.2)	nicht nötig	nicht nötig	nötig	nicht nötig	nicht nötig	nicht nötig
Vorwärts / Rückwärts (Kap. 5.4)	nicht nötig	nicht nötig	nicht nötig	nicht nötig	nötig	nötig
Vorwärts / Proportionale Bremse (Kap. 3.6, 5.4)	nicht nötig	nicht nötig	nicht nötig	nicht nötig	nötig	nicht nötig
Programmierung mit Taster, Piepton und Sender (Kap. 4.7)	für einfache Regler mit wenig Programmiermöglichkeiten oder Regler mit hohem Automatisierungsgrad					
Programmierung mit PC-Schnittstelle oder Programmierkarte (Kap. 4.7)	für komplexere Regler mit vielen Programmiermöglichkeiten					

Tabelle 8: Eigenschaften des Motors und der Motor-/Reglerkombination						
	Motorflugmodelle	**Elektrosegler**	**Pitchgesteuerte Helis**	**Drehzahlgesteuerte Helis**	**Automodelle**	**Schiffsmodelle**
Außenläufer, kV < 1000 (Kap. 2.4)	ideal für Direktantrieb	ideal für Direktantrieb	bei sehr kleinem kV Direktantrieb	bei kleinem kV Direktantrieb	in der Zukunft Direktantrieb der Räder	Direktantrieb, sehr große Schiffsschraube
Außenläufer, kV > 1000 (Kap. 2.4)	Direktantrieb oder mit Getriebe	Direktantrieb oder mit Getriebe	meistens mit Getriebe	meistens mit Getriebe	in der Zukunft Direktantrieb der Räder	Direktantrieb, große Schiffsschraube
Innenläufer (Kap. 2.3)	meistens mit Getriebe	meistens mit Getriebe	mit Getriebe	mit Getriebe	Standard für fast alle Modelle	Direktantrieb, normale Schiffsschraube
Motor mit Regler als Set (Kap. 5.4)	nicht nötig	nicht nötig	nicht nötig	nicht nötig	erwünscht	nicht nötig

6.2 Praxistipps für den Motoreinbau und die Verkabelung

Motoreinbau

Wie es in Kapitel 3.5 beschrieben wird, kommt es neben dem guten Wirkungsgrad auch auf die richtige Kühlung an, mit welcher Leistung ein Motor mit bestimmter Baugröße betrieben werden kann.

Bild 66: Besser kann man nicht kühlen.

Bild 66 zeigt eine optimale Motorkühlung. Der Motor passt farblich perfekt zum Modell und wird ohne Motorhaube direkt am bemalten Spant angeschraubt. Er befindet sich so immer direkt im Luftstrom.

Nicht immer sind die Zustände jedoch so paradiesisch wie in Bild 66. Bild 67 zeigt schon eher einen Standardfall. Der Motorspant ist zurückversetzt und vorne wölbt sich eine Haube über dem Motor. Hier befindet sich immerhin ein Teil von diesem noch im Luftstrom. Falls der Motor jedoch noch weiter versenkt wird, genügt es nicht mehr, vorne nur eine Aussparung zu machen, damit die Wicklungen von außen sichtbar sind. Es wird hinten an der Motorhaube zwingend noch ein etwas größerer Luftauslass benötigt. Sonst staut sich die Luft im Motorraum und erwärmt sich. Die Verlustleistung

Bild 67:
Teilweise unter der Haube versenkter Motor.

Bild 68: Kühlrippen für Innenläufer.

kann dann nicht mit der wegströmenden Luft abgeführt werden.

In Schiffs- und Automodellen werden häufig Innenläufer eingesetzt. Manchmal besitzen die Mototen bereits einen Lüfter, welcher direkt auf der Welle sitzt. Auch bei den Reglern sind oftmals PC Lüfter angebracht. Bei Reglern für Schiffsmodelle gibt es manchmal bei Reglern und Motoren Wasseranschlüsse, um eine Pumpe zur Kühlung anzuschließen. Zum Test empfiehlt es sich, eine Akkuladung leerzufahren und dabei auf die Temperaturentwicklung zu achten. Es gilt folgender Merksatz:

Kann man Motor und Regler nach einer leergefahrenen Akkuladung noch über eine längere Zeit mit dem Finger berühren, so ist die Kühlung ausreichend. Optimal für die Lebensdauer ist es jedoch, wenn sowohl Regler als auch Motor nur handwarm oder etwas wärmer werden.

Oftmals genügt auch schon die ganz einfache und kostengünstige Lösung mit Kühlrippen. Sie vergrößern die Oberfläche, sodass die Wärme über Konvektion (vgl. Kap. 3.5) weggeführt wird.

Neben der richtigen Kühlung ist auch der mechanische Einbau von großer Bedeutung. Nur bei kleinen Modellen kann der Motor bedenkenlos auf einen Sperrholzspanten geschraubt werden. Man bedenke, dass die Brushless-Motoren heute auch die größten Modelle mit Leistungen von mehreren Kilowatt betreiben. Bei solchen Motoren schreibt der Hersteller oftmals vor, mit welchen Mitteln sie befestigt werden müssen. Häufig sind auch Motorträger aus Metall im Lieferumfang enthalten. Diesen Vorschriften muss aus Sicherheitsgründen unbedingt Folge geleistet werden.

Verkabelung

Die Bürstenmotoren mussten noch mit Kondensatoren und Spulen entstört werden, weil die mechanische Kommutierung zu kurzen Stromunterbrechungen führte, welche Spannungsspitzen und das Bürstenfeuer zur Folge hatten. Das verursachte auch Störungen auf allen Frequenzen. Der Brushless-Motor ist in dieser Beziehung fast sauber. Solange bei Akku, Regler und Motor die vom Hersteller angegebenen oder abgelängten Kabel verwendet werden, müssen keine weiteren Vorkehrungen zur Entstörung getroffen werden. Oftmals ist es jedoch nötig, längere Kabel zu verwenden. Es gibt dafür zwei Möglichkeiten, nämlich eine Verlängerung zwischen Akku und Regler oder eine zwischen Regler und Motor. Der Querschnitt wird dabei gleich gewählt wie die zu verbindenden Kabel. Eine Kabelverlängerung zwischen Akku und Regler hat den Vorteil, dass dies auf der Gleichspannungsseite passiert. Es treten somit keine Störungen für den Empfänger auf. Da aber dieses Kabel neben der Endstufe auch das BEC und den Mikroprozessor selbst versorgt, sollte dort möglichst nur Gleichspannung ankommen. Mit einer Kabelverlängerung wirkt jedoch das Kabel selbst wie eine Antenne. Deshalb sind beim Eingang jedes Reglers Elektrolytkondensatoren (Elkos) zu finden. Bei einer Verlängerung zwischen Akku und Regler sollten deshalb alle 10 bis 15 cm 330-µF-Elkos mit kleinem Seriewiderstand, sogenannte LOW-ESR-Elkos wie in Bild 69 gezeigt eingefügt werden. Da Elkos bei einer Verpolung explodieren können, muss zwingend auf diese geachtet werden.

Die Kabelverlängerung zwischen Regler und Motor ist unkritisch wegen der eigenen Antennenwirkung. Da an diesen Leitungen jedoch die pulsweitenmodulierten Trapezspannungen liegen, können sie ihrerseits Störungen beim Empfänger verursachen. Hier empfiehlt es sich deshalb ebenfalls, die Kabel möglichst kurz zu halten und Empfänger und Antenne möglichst weit weg anzubringen. Kondensatoren zwischen diesen Leitungen dürfen keine verwendet werden, da sie das Zusammenspiel zwischen Regler und Motor gefährden würden.

Ferritkern beim BEC-Kabel

Bei vielen Reglern ist das BEC-Kabel bereits serienmäßig mit einem Ferritkern ausgestattet. Bild 70 zeigt dies. Er dämpft Störungen, welche von der Reglerseite her kommen, damit der Empfänger eine saubere Spannung erhält. Bei Empfangsproblemen ist auch das eine Möglichkeit zur besseren Entstörung. Das Kabel wird dabei einige Male in derselben Richtung um den Kern gewickelt.

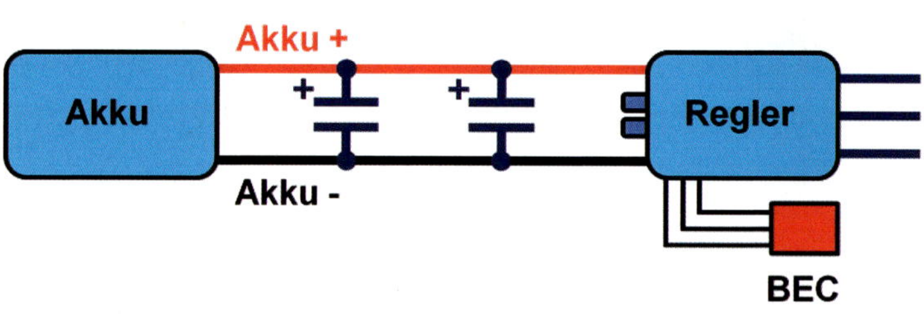

Bild 69: LOW-ESR-Elkos in der Zuleitung.

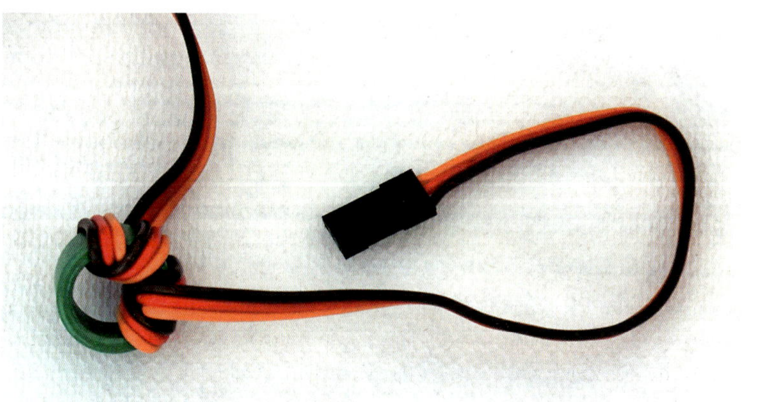

Bild 70: Ferritkern beim BEC-Kabel.

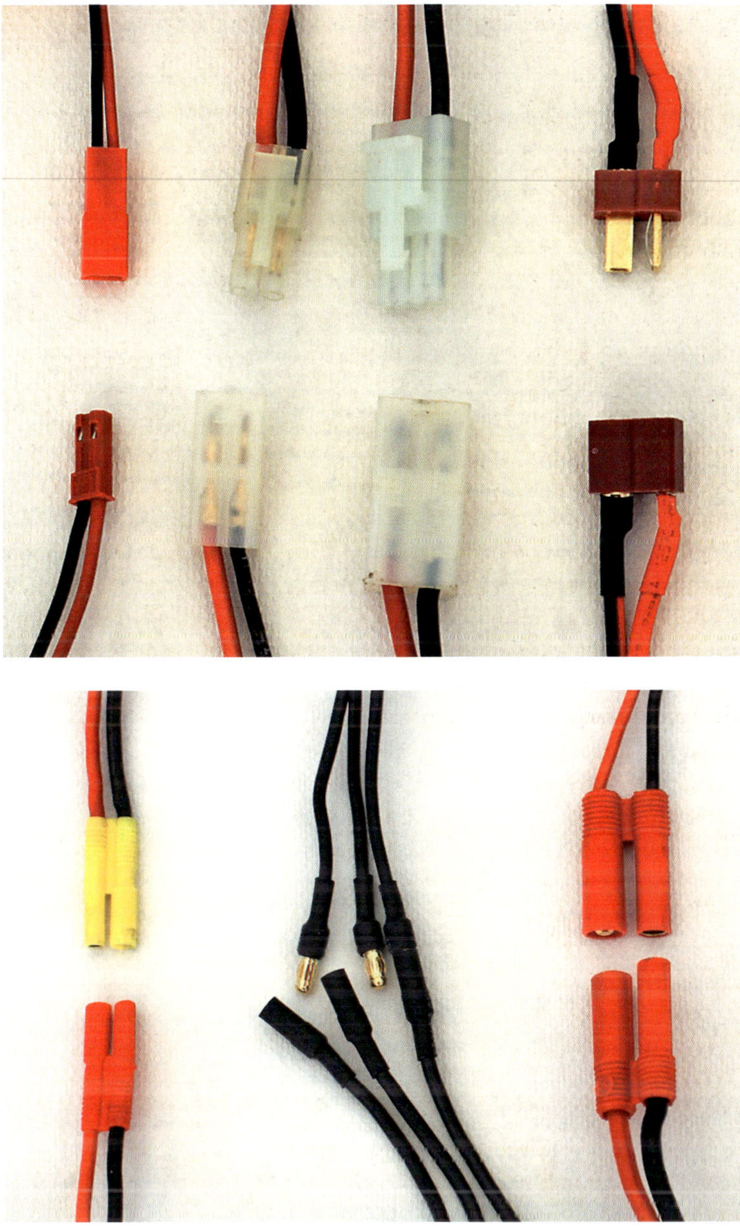

Bild 71:
Steckertypen: BEC, Mini-Tamiya, Tamiya, Dean, G2, G3.5 und G4.

Stecker

Der Akku wird immer über einen Stecker mit dem Regler verbunden, da er zum Wechsel entfernt werden muss. Die Verbindung zwischen Regler und Motor stellt oftmals eine Einheit dar und wird dann verlötet und mit einem Schrumpfschlauch isoliert. Bei oftmaligem Wechsel der Antriebseinheit und der Motor-Reglerkombination führen viele Modellbauer auch diese Verbindung steckbar aus. Wählt man hier den richtigen Stecker, ist sie nicht weniger sicher als eine gute Lötstelle. Die Ströme

Tabelle 9: Steckertypen und Maximalströme

Steckertyp	Eigenschaften
BEC-Stecker	Kleinste diskutierte Steckverbindung, geeignet für die Verbindung Akku-Regler mit Strömen bis maximal 10 A.
Mini-Tamiya-Stecker	Verbindung Akku – Regler mit Strömen bis zu 15 A.
Tamiya-Stecker	Standardstecker bei Automodellen für die Verbindung Akku – Regler mit Strömen bis zu 25 A.
Dean-Stecker oder ähnliche Typen	Verbindung Akku – Regler bis zu 60 A.
G2-Stecker	Verbindung Akku – Regler oder Verbindung Regler – Motor mit Strömen bis zu 25 A.
G3.5-Stecker	Wird oftmals als Verbindung Regler – Motor eingesetzt.
Die Ströme betragen bis zu 80 A.	
G4-Stecker	Verbindung Akku – Regler für Ströme bis maximal 100 A

sind im Modellbau meistens relativ hoch und können bis 100 A und mehr betragen. Wichtig sind deshalb geringe Übergangswiderstände, um die Verlustleistung klein zu halten. Oft werden dabei vergoldete Kontakte eingesetzt. Die im Bild 71 dargestellten Steckkontakte werden mit ihren Eigenschaften und dem Einsatzgebiet in Tabelle 9 besprochen. Es ist möglich, dass in anderen Quellen leicht andere Maximalströme zu finden sind, da die verschiedenen Hersteller teilweise unterschiedliche Werte angeben.

Kabel

Da die Verbindungskabel leicht und flexibel sein sollen, kommt meistens nur Kupferlitze in Frage. Kupfer hat zwar ein höheres spezifisches Gewicht als andere Leitermaterialien, da sein spezifischer Widerstand jedoch relativ klein ist, wird es mit Abstand am häufigsten eingesetzt. Eine weitere Kennzahl ist der Leiterquerschnitt, welcher in Quadratmillimetern (qmm oder mm^2) angegeben wird. Je größer der Querschnitt ist, desto kleiner ist der Widerstand pro Längeneinheit und desto kleiner sind demnach die Verluste. Für höhere Ströme müssen deshalb auch Kabel mit größeren Querschnitten eingesetzt werden. Die folgende Auflistung zeigt Richtgrößen für Kabelquerschnitte bis 100 A. 10 A: 1 qmm, 20 A: 2,5 qmm, 40 A: 10 qmm, 70 A: 16 qmm, 100 A: 30 qmm. Bei ganz großen Modellen können auch einmal Ströme über 100 A fließen. Dann werden Spezialstecker und Kabel mit noch größerem Querschnitt benötigt. Für die meisten Anwendungen im Modellbau stellen jedoch die 100 A eine obere Grenze dar. Man bedenke, dass mit einem 10S-LiPo eine Betriebsspannung von 37 V erreicht wird. Multipliziert mit 100 A ergibt sich eine elektrische Leistung von immerhin 3.700 W, das sind etwa 5 PS.

6.3 Test von verschiedenen Antriebskombinationen

In diesem und den folgenden Unterkapiteln werden einige Antriebe mit unterschiedlicher Leistungsklasse und unterschiedlichem Einsatzgebiet behandelt und getestet. Selbstverständlich stehen sie immer stellvertretend für eine Vielzahl von Produkten anderer Hersteller.

Als Propeller wurden verschiedene Typen von APC verwendet. Auf deren Homepage (abgerufen am 10.11.2010) ist dort als maximale Drehzahl für die mit Elektromotoren betriebenen Propeller angegeben: Maximum RPM = 145.000 / Propellerdurchmesser (inches). Für Slowflyer Propeller mit der Bezeichnung ‚SF' gilt: Maximum rpm = 65.000 / Propellerdurchmesser (in-

Bild 72: Prüfstand und Messeinrichtung.

ches). Ein 10"-SF-Propeller sollte also höchstens mit 65.000 / 10 = 6.500 U/Min betrieben werden. Für andere Hersteller gelten andere Maximaldrehzahlen. Aus Sicherheitsgründen sollte kein Antrieb höhere Maximaldrehzahlen aufweisen als angegeben. Die in der Folge diskutierten Antriebsbeispiele halten diese Vorgaben ein.

Bild 72 zeigt einen Prüfstand bestehend aus Aluprofilen und die Messeinrichtung, mit welcher Spannungs- und Stromverläufe gemessen werden können.

6.4 Graupner-Compact Antriebskombination

Der erste getestete Antrieb ist ein Compact 260Z mit 11,1 V von Graupner. Es handelt sich hierbei um einen Vertreter der Leistungsklasse bis 100 W. Seinen Einsatz findet er beispielsweise bei Slow Flyern oder anderen kleineren Modellen. Für den Compact 260Z wird auch ein Regler empfohlen, der Compact Fly 15 BEC. Auch ein Propellervorschlag gehört zu der Antriebskombination, nämlich ein 7,5“×4“.

Regler, Compact Fly 15 BEC

Der Regler hat nicht sehr viele Einstellmöglichkeiten und ist deshalb sehr einfach in seiner Bedienung. Da er für die Motoren der Compact- und Inline-Serie empfohlen wird, ist er optimal auf deren Betriebsverhältnisse abgestimmt. Die Zahl 15 steht für den Maximalstrom und BEC ist die Versorgung des Empfängers, wie es in Kapitel 4.4 erklärt wird. Die Taktfrequenz beträgt fixe 12 kHz und das Timing wird vom Regler automatisch eingestellt.

Man kann wählen, ob die Motorbremse ein- oder ausgeschaltet sein soll. Nach der Bedienungsanleitung wird dies mit der Stellung des Gashebels beim Zeitpunkt des Einschaltens vollzogen. Der Regler quittiert seine Betriebsbereitschaft mit Summtönen. Diese werden über die Wicklungen des Motors ausgegeben. Werden Wicklungen nämlich bestromt, stoßen sich die einzelnen Windungen gegenseitig ab und

Bild 73: Graupner Compact-Antrieb.

geben einen Ton in der Höhe der doppelten Stromfrequenz von sich. Bei Transformatoren kann dieses Prinzip ebenfalls beobachtet werden. Die 50 Hz des Netzstromes lässt diese mit 100 Hz brummen. Es ist deshalb die doppelte Frequenz, weil sich die Windungen bei positivem und negativem Strom gleichermaßen abstoßen. Auch wenn der Motor kein optimaler Lautsprecher ist, können auf diese Weise sogar einfache Melodien auf ihm abgespielt werden.

Tabelle 10: Wirkungsgrad bei U_{BAT} 10 V

Motorstrom I	4 A	5 A	6 A	7 A	8 A	9 A
Wirkungsgrad η	75,5 %	76,8 %	77,1 %	76,6 %	75,7 %	74,6 %

Motor, Compact 260Z

Laut Datenblatt hat der Motor einen Wirkungsgrad von maximal 77 %. Dieser berechnet sich nach der Formel von Kapitel 3.7 zu

$$\eta = \frac{P_{MECH}}{P_{EL}} = \frac{(U_{BAT} - I \cdot R_i) \cdot (I - I_0)}{U_{BAT} \cdot I}$$

Es wird also der Innenwiderstand Ri und der Leerlaufstrom I_0 zur Berechnung benötigt. Da diese nicht in den Datenblättern zu finden sind, werden sie gemessen. Als I_0 wird der Strom angenommen, welcher ohne montierten Propeller bei Vollgas zwischen Akku und Regler fließt. Das sind etwa 0,7 A. Ri wird so gemessen, wie es in Kapitel 3.2 beschrieben wird und beträgt 0,212 Ω. Bei einem 3S-LiPo-Akku mit 11,1 V wird die Spannung unter Last wegen seines Innenwiderstandes etwas reduziert. Wenn der Wirkungsgrad mit einem realistischen U_{BAT} von 10 V berechnet wird, dann ergeben sich die in Tabelle 10 genannten Werte.

Der im Datenblatt angegebene Wert wird also erreicht und ein sinnvoller Betriebsbereich sind Ströme zwischen 4 A und 9 A.

Volllast

Wird der Motor unter Volllast betrieben, werden die MOSFET nicht mit Pulsweitenmodulation betrieben. Sie werden abwechselnd immer voll durchgesteuert, so wie es Bild 47 in Kapitel 4.1 zeigt. Bild 74 zeigt diesen Verlauf der

Spannung zwischen einem der drei Motorleiter und dem Minuspol des Akkus für die oben beschriebene Graupner-Compact-Antriebskombination inklusive Luftschraube.

Im Vergleich mit Bild 47 sind auch hier die Zeitabschnitte mit voll durchgeschaltetem oberen bzw. unterem MOSFET identifizierbar. Auch die Bereiche, in welchen beide Transistoren offen sind und der Leiter zur Messung des Phasennulldurchganges nach Kapitel 4.2 dient, sind sehr schön erkennbar. In der Theorie nicht erwähnt wurden indes die mit einem Kreis umrundeten Pulse. Sie kommen bei jedem Antrieb vor und zwar immer dann, wenn die MOSFET ausgeschaltet werden. Dafür ist die Motorinduktivität verantwortlich. Sie hat die Eigenschaft, dass der Strom nicht sofort abgestellt werden kann, sondern immer noch etwas weiterfließen möchte. Er muss sich dann kurzzeitig den Weg über eine Diode (eine sogenannte Freilaufdiode), welche parallel zum jeweils anderen MOSFET geschaltet ist, suchen. Somit liegt für diese kurze Zeit die andere Versorgungsspannung an (U_{BAT} beim Ausschalten des unteren MOSFET bzw. Ground beim Ausschalten des oberen MOSFET). Diese Span-

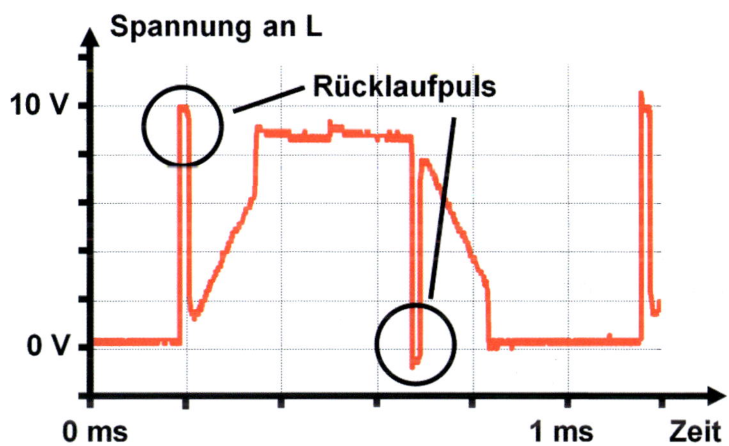

Bild 74: Trapezförmiger Spannungsverlauf an einem der drei Motorleiter.

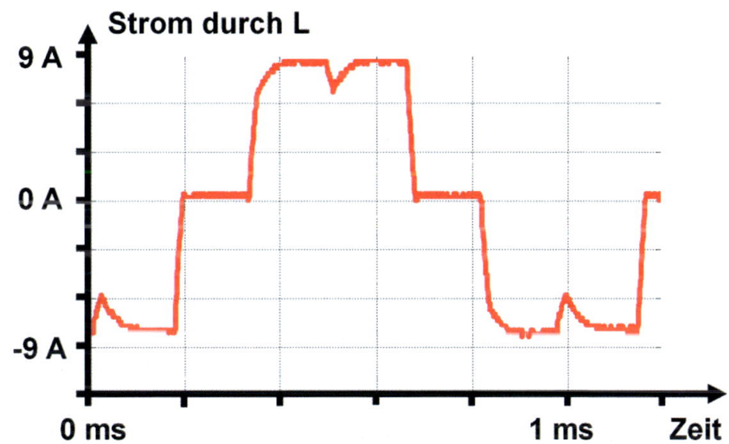

Bild 75: Stromverlauf durch einen Leiter unter Volllast.

nungsspitze wird in der Literatur auch Rücklaufpuls genannt. Die Freilaufdioden sind bei den MOSFET bereits integriert und müssen nicht extra eingebaut werden.

Es liegt beim durchgeschalteten oberen MOSFET weniger als die 3 × 3,7 V = 11,1 V am Leiter an. Da im vorliegenden Beispiel unter Vollast etwa 9 A Strom fließt, fällt sowohl beim Innenwiderstand des Akkus als auch beim RDS_ON der Endstufe noch etwas Spannung ab.

Außerdem wird der Akku in der vorliegenden Messung eher in der zweiten Hälfte der Laufzeit betrieben. Auch die Drehzahl kann aus Bild 74 abgelesen werden. Eine Periode dauert etwa 0,97 ms. Das ergibt eine Frequenz von 1 / 0,97 ms = 1.031 Hz. Der Graupner Compact 260Z ist ein 14-poliger Motor. Somit dreht er nur mit 1.031 / 14 × 2 Hz = 147 Hz. Die Drehzahl pro Minute ist dann noch 60mal höher und beträgt 8.837 U/Min.

Bild 75 zeigt den Stromverlauf durch einen der drei Leiter unter denselben Bedingungen. Ist der obere MOSFET durchgeschaltet, fließen etwa 9 A, ist der untere MOSFET durchgeschaltet, fließen –9 A. Während der Messung des Phasennulldurchganges ist der Leiter stromlos. Der Batteriestrom beträgt bei dieser Messung konstant 9 A. Dies ist kein Widerspruch zu den –9 A des Leiterstromes, da die Endstufe den Akkustrom dann sozusagen umdreht.

Die runden Verläufe jeweils kurz nach dem Einschalten der Endstufen sind wieder auf die Induktivität des Motors zurückzuführen. Das ist die Visualisierung des in Kapitel 4.2 beschriebenen ‚Hintennachhinken' des Stromes.

Der Strom bricht in der Mitte der Einschaltphase etwas ein. Zur Erklärung dieses Sachverhalts soll noch einmal das Bild 53 dienen. Genau in der Mitte der Einschaltphase des oberen Transistors von Leiter 1 wechselt die Einschaltphase des unteren Transistors von Leiter 2 zu Leiter 3. Da das Ein- und Ausschalten etwas Zeit beansprucht, gibt es eine kurze Zeit, während welcher keiner der beiden Leiter 2 und Leiter 3 den Strom aufnimmt. Sowohl die Spannungs- als auch die Stromverläufe entsprechen mit den oben besprochenen Einschränkungen, welche die Praxis mit sich bringt, der Theorie.

Teillast

Der Teillastbetrieb fordert den Regler etwas mehr, da hier die MOSFET mit Pulsweitenmodulation angesteuert werden. Als Vergleich dienen die Bilder 48 und 49 aus Kapitel 4.1. Die Bilder 76 und 77 stellen den Spannungs- und Stromverlauf an einem der drei Motorleiter dar.

Die Verhältnisse sind dieselben wie beim Betrieb unter Volllast, mit der Ausnahme, dass der Gashebel nur etwa auf der Mittelstellung ist.

Der Rücklaufpuls ist ebenfalls sehr deutlich sichtbar. Außerdem kann hier auch die Taktfrequenz des Reglers abgelesen werden. Innerhalb einer Millisekunde wird zwölf Mal geschaltet, was auf die Frequenz 12 kHz führt.

Die Drehzahl muss logischerweise kleiner sein als im Betrieb unter Volllast. Eine kurze Berechnung analog zur Volllast ergibt: 1 / 0,00125 / 14 × 2 × 60 U/Min = 6.857 U/Min.

Der Stromverlauf sieht bei jedem Antrieb unter Teillast so gezackt aus. Es ist wieder die Motorinduktivität, welche dies bewirkt. Der Motorstrom und damit auch der Strom, welcher vom Akku gezogen wird, ist der Mittelwert, welcher im Bild gestrichelt eingezeichnet ist. Er beträgt für dieses Beispiel etwa 4,5 A.

Wärmeentwicklung

Für beide Betriebsfälle, sowohl für Volllast als auch für Teillast, wurde nach zehn Minuten Betrieb die Temperatur gemessen. Der Motor befand sich dabei im Luftstrom des Propellers. Der Regler wurde von diesem geschützt montiert, also so wie wenn er ohne Belüftung im Rumpf verstaut worden wäre. Für alle Betriebsfälle wurde die komplette Antriebskombination nur handwarm.

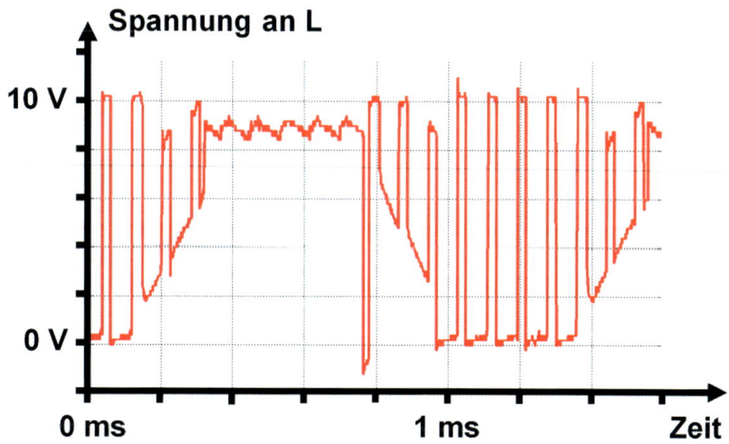

Bild 76: Spannungsverlauf an einem der drei Motorleiter unter Teillast.

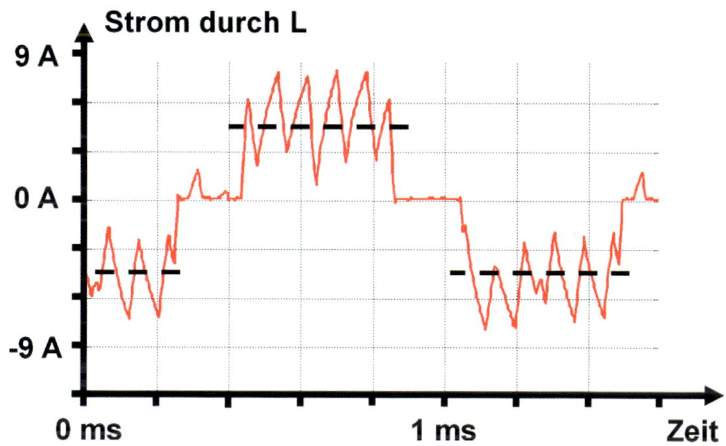

Bild 77: Stromverlauf durch einen Leiter unter Teillast.

6.5 Hacker Motor- und Reglerkombination

Bereits in der mittleren Leistungsklasse ist der Hacker A20-22-L angesiedelt. Er soll in diesem Beispiel zusammen mit einer APC 10"×5" E-Luftschraube und einem Hacker-Regler Speed-Controller X-40-SB-Pro betrieben werden (Bild 78). In Beispiel 2 von Kapitel 5.1 wurde dieser Antrieb zusammen mit einem 3S-LiPo-Akku komplett durchgerechnet. Die dort ermittelten Werte sind: 17 A Motorstrom bei 8.850 U/Min. Die elektrische Leistung beträgt 187 W bei einem Wirkungsgrad von 82,9 %.

Hacker A20-22-L

Der Motor hat eine ähnliche Größe wie der in Beispiel 4 von Kapitel 3.5 behandelte robbe Roxxy 2827-34. Die elektrische Leistung wurde dort aufgrund der Statoroberfläche etwas konservativ zu 108 W berechnet. Wenn der Motor direkt im Propellerluftstrom liegt, sind die 187 W mit dem Hacker-Motor noch möglich, allerdings muss die Temperaturentwicklung genau beobachtet werden, da der Motor so schon an der oberen Leistungsgrenze betrieben wird. Im Datenblatt steht die maximale Verlustleistung mit 200 W für 15 Sekunden zu Buche. Das Datenblatt gibt einen sehr kleinen Innen-

Bild 78: Hacker X-40-SB-Pro und A20-22-L.

widerstand Ri von 0,089 Ω an, welcher auch durch Messungen bestätigt wird. Der Leerlaufstrom I_0 wird mit 0,75 A angegeben. Daraus lässt sich wie im letzten Beispiel der Wirkungsgrad berechnen, er liegt im sinnvollen Betriebsbereich durchweg zwischen 80 % und 85 %.

Hacker Speed-Controller X-40-SB-Pro

Der Regler ist mit 40 A für den zu erwartenden Motorstrom etwas überdimensioniert. Überdimensionierte Regler sind jedoch nie kritisch und haben den positiven Nebeneffekt, dass sich die Wärmeentwicklung in Grenzen hält. Dieser Typ bietet einige Möglichkeiten zur Parametereinstellung. Akkutyp, Unterspannungsabschaltung, Taktfrequenz, Timing, Bremsen oder Helimode sind einige Beispiele hierfür. Die Vielzahl der Parameter erfordert auch eine komfortable Möglichkeit zur Programmierung. Der Speed-Controller X-40-SB-Pro wird nicht über Taster, sondern über ein USB-Interface vom PC aus programmiert. Da der Motor ein 14-Poler ist, wird das Timing eher hoch gewählt, laut Datenblatt sollte es zwischen 20° und 25° liegen. Gewählt wird 22°. Die Taktfrequenz wird hier auf 8 kHz eingestellt, da die Schaltverluste dann geringer ausfallen.

Messungen

Die Spannungs- und Stromverläufe sind bezüglich der Form sowohl bei Voll- als auch bei Teillast nicht von denjenigen des vorher besprochenen Graupner-Compact-Antriebes zu unterscheiden. Die Bilder 79 und 80 zeigen diese. Die Drehzahl berechnet sich etwa zu 1/0,00102 × 60/7 U/Min = 8.400 U/Min.

Der Motorstrom liegt mit gemessenen 16 A leicht tiefer als die berechneten 17 A und die Drehzahl liegt ebenfalls etwas tiefer als die berechneten 8.850 U/Min. Wie weiter oben bereits erwähnt, kommt hier zum Tragen, dass eben der ganze Antrieb inklusive Regler, Zuleitungen und Akku ausgemessen wird. Der maßgebende Innenwiderstand ist also die Summe aller Innenwiderstände und nicht nur derjenige des Motors alleine. Während die Kennzahlen des Motors wie auch im vorliegenden Beispiel meistens gut bekannt sind, sieht es mit der Datengrundlage der Propeller oftmals anders aus. Es gestaltet sich dann als etwas schwierig, die korrekten Beiwerte zu finden. Die Messung zeigt hier im Vergleich zu den tatsächlichen Größen eine Abweichung von etwa 5 %. Das ist für eine korrekte Auslegung des Antriebes jedoch ausreichend.

Wärmeentwicklung

Die elektrische Motorleistung beträgt gemessen etwas weniger als berechnet, etwa 11 V × 16 A = 176 W. Nach fünf Minuten Betrieb unter Volllast beträgt die Wicklungstemperatur gemessene 49 °C und das Gehäuse lässt sich mit der Hand noch für eine längere Zeit berühren. Beim Regler zahlt sich die Überdimensionierung dadurch aus, dass er nur etwa handwarm wird.

Der Regler kann auch für den Heli- oder Governor-Mode konfiguriert werden und arbeitet dann im Teillastbetrieb. Auch die dort

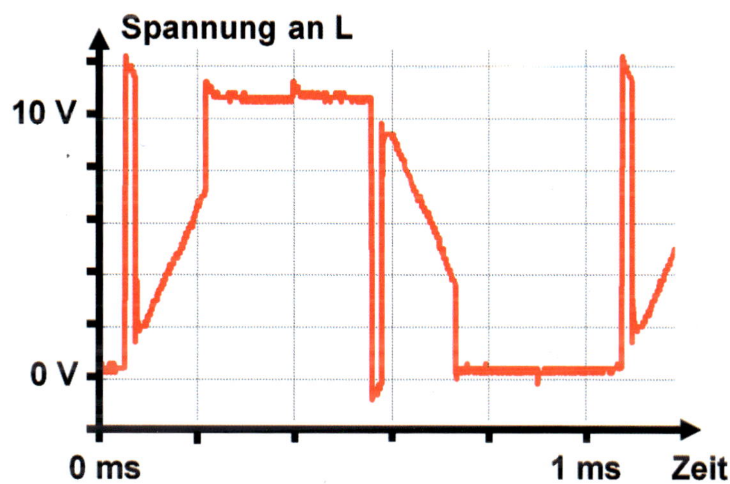

Bild 79: Spannungsverlauf an einem Leiter unter Volllast.

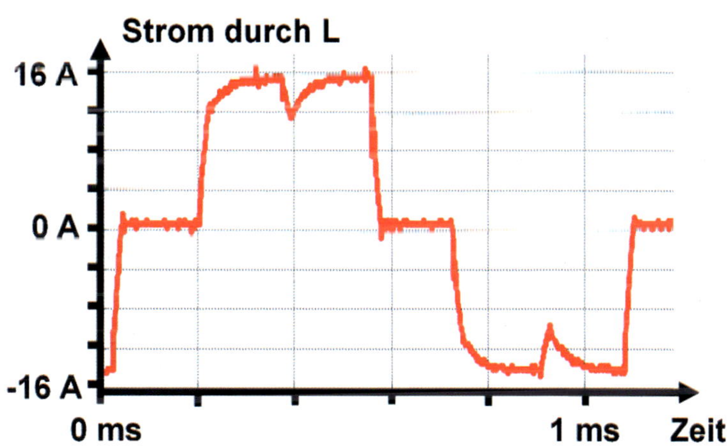

Bild 80: Stromverlauf am selben Leiter unter Volllast.

oft kritischen Schaltverluste der Pulsweitenmodulation stellen sich als harmlos heraus. Nach fünf Minuten Betrieb im Heli-Mode, mit einem Motorstrom von 10 A, zeigen sowohl der Regler als auch der Motor keine spürbare Erwärmung.

Variation des Timings

An diesem Motor soll in der Folge noch eine Untersuchung durchgeführt werden, nämlich wie sich Anlaufverhalten, Maximaldrehzahl und -Strom verhalten, wenn das Timing verändert wird. Dazu wird noch einmal eine andere Luftschraube montiert, nämlich eine APC 9"× 6" E. Sie ist mit einem Verhältnis Steigung zu Durchmesser von 0,67 eher für schnelle Kunstflugmodelle als für langsame Flieger gedacht. Außerdem liegt der gezogene Strom mit einem 3S-LiPo auch etwas tiefer als bei der Verwendung einer APC 10"× 5" E. Für den Vergleich der Messungen ist es wichtig, dass am Eingang des Reglers immer dieselbe Spannung anliegt. Deshalb wurde ein geregeltes Netzgerät verwendet. Da Netzgeräte meistens nur Strom liefern, jedoch keinen ‚schlucken' können, wurde die EMK-Bremse beim Regler auf ‚aus' gestellt. Um auch seitens der Elektronik sicherzustellen, dass kein Strom zurückgespeist wird, wurde zusätzlich eine Diode in den Kreis geschaltet. Bei unterschiedlichen Timings wurden für konstante 10 V am Reglereingang bei Vollgas die Werte in Tabelle 11 gemessen.

Es lässt sich feststellen, dass der Motor bei allen Timings anstandslos anläuft und bis zur Maximaldrehzahl beschleunigt. Das zeigt auch etwas die Tatsache auf, dass die heutigen Motoren und Regler fast mit beliebigen Einstellungen miteinander betrieben werden können. Ein höheres Timing bedeutet, dass früher auf die nächste Wicklung umgeschaltet wird. Das heißt im Endeffekt auch, dass die Beschleunigung dann größer ist und es erklärt auch, dass die Maximaldrehzahl leicht höher zu liegen kommt. Der Strom wird aufgrund der Frühzündung ebenfalls stärker. Bis zu einem Timing von 22° nimmt der Strom bis 11,8 A nur leicht zu, um dann bis 30° einen etwas größeren Sprung auf 12,7 A zu machen. Die Drehzahl nimmt fast linear zu. Der Wirkungsgrad ist also zwischen 2° und 22° also ähnlich, da die elektrische und die mechanische Leistung aufgrund des leicht höheren Stroms und der höheren Drehzahl ähnlich ansteigen. Das Timing von 30° liegt eindeutig zu hoch. Der Stromsprung auf 12,7 A hat eine Verminderung des Wirkungsgrades zur Folge. Die vom Hersteller angegebene Timing-Empfehlung von 20° bis 25° kann also bestätigt werden.

6.6 Kontronik-Regler und Plettenberg-Motor

Auch Motoren und Regler von unterschiedlichen Herstellern können heute problemlos miteinander gekoppelt werden, solange Lasten ohne Drehmomentsprünge, wie Propeller betrieben werden. Der in der Folge behandelte Motor ist ein Orbit-30-14 von Plettenberg und der Regler vom Typ KOBY 90 LV von Kontronik. Bild 81 zeigt den Antrieb. Er kann ohne spezielle Parametrierung direkt aus der Schachtel zusammengehängt, eingeschaltet und hochgedreht werden.

Orbit-30-14

Der Orbit-30-14 (Bild 82) kann mit einer noch größeren Leistung betrieben werden als die beiden letzten behandelten Motoren. Der Stator hat

Tabelle 11: Timings, Motorstrom und Drehzahl

Timing	2°	8°	15°	22°	30°
Strom	11,0 A	11,0 A	11,3 A	11,8 A	12,7 A
Drehzahl	7.457 U/Min	7.543 U/Min	7.628 U/Min	7.714 U/Min	7.800 U/Min

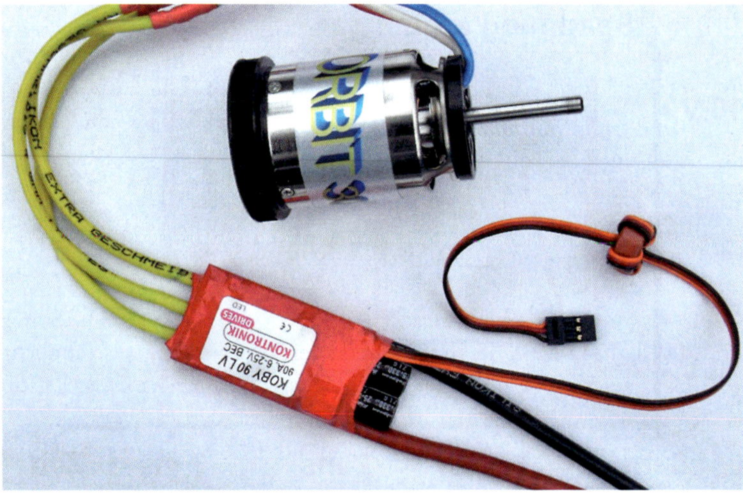

Bild 81: Kontronik KOBY 90 LV und Plettenberg Orbit-30-14.

Bild 82: Plettenberg Orbit-30-14. ▶

eine Länge von etwa 50 mm und einen Durchmesser von etwa 40 mm. Die Statoroberfläche berechnet sich so zu (2 × 20² × 3,14 + 40 × 3,14 × 50) mm² = 8.793 mm². Mit dem konservativen Faktor von 0,05 W/mm² ergibt sich so eine elektrische Motorleistung von etwa 439 W. Dieser Faktor ist jedoch eindeutig zu konservativ gewählt, da der Motor am hinteren Ende einen Radiallüfter eingebaut hat. Die Luft wird beim Drehen mit der Zentrifugalkraft radial weggeschleudert. Sie wird bei den Lüftungsschlitzen vorne angesaugt und so direkt an den Wicklungen vorbeigeführt. Diese Art der Kühlung ist so effizient, dass hier mit mehr als dem doppelten Faktor, also 0,1 W/mm² gerechnet werden kann. Das ergibt dann eine elektrische Motorleistung von mehr 878 W. In den Datenblätttern wird der Motor jedoch mit bis zu 30 V und 50 A betrieben, was eine elektrische Leistung von 1,5 kW bedeutet. Der Lüfter bewirkt hier zwar eine kleine Reduktion des Wirkungsgrades, da er ebenfalls etwas mechanische Leistung benötigt, welche der Last dann nicht zur Verfügung steht. Dafür darf die Leistung jedoch wesentlich höher werden, als es die Berechnungen von Kapitel 3.5 vermuten lassen. Die Leistungsdichte (Verhältnis elektrische Leistung zu Gewicht) ist geradezu phänomenal!

KOBY 90 LV

Der Regler KOBY 90 LV von Kontronik kann Ströme mit bis zu 90 A führen. Außerdem ist auch seine Art der Programmierung sehr fle-

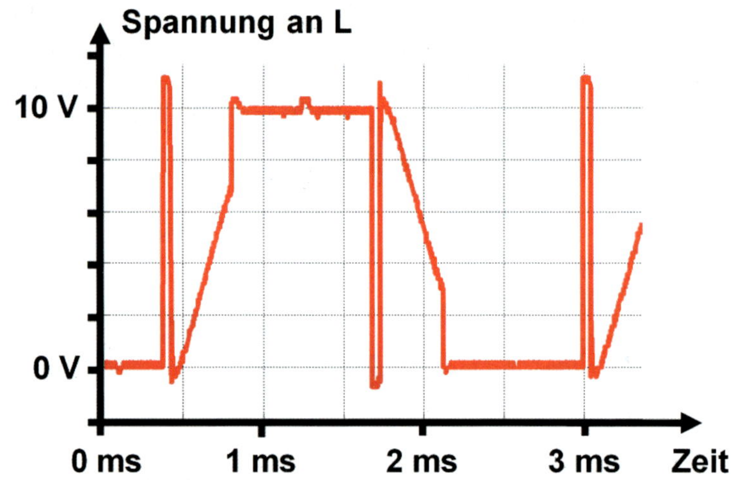

Bild 83: Spannungsverlauf an einem Leiter unter Volllast.

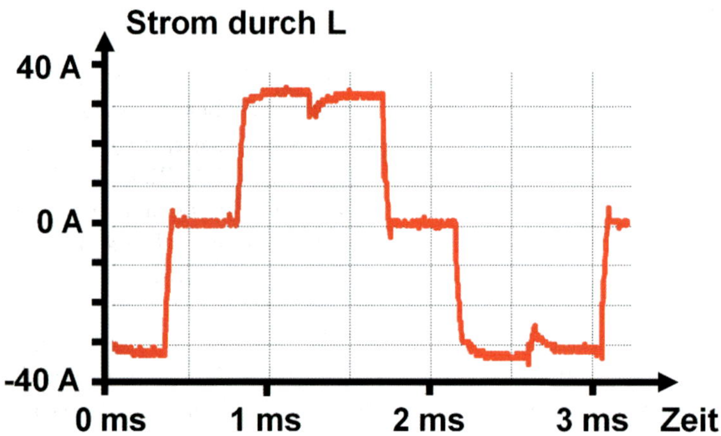

Bild 84: Stromverlauf durch denselben Leiter unter Volllast.

xibel. Er hat einen sehr hohen Automatisierungsgrad und kann deshalb im einfachsten Fall auch komplett ohne Programmierung betrieben werden. Er wird dazu einfach mit dem Motor verbunden. Für den Betrieb mit dem Orbit-30-14 wurde der Auto-Programmier-Modus verwendet. In diesem Modus stellt der Regler alle wichtigen Parameter aufgrund von gemessenen Motordaten selbstständig ein. Über den Taster und den Sender können auch noch weitere Modi gewählt werden, der Segelflugmodus, der Motorflug-/Bootsmodus und der Helikoptermodus. Diese vier Betriebsmodi decken die meisten der Anwendungen ab. Will der Anwender jedoch weitere Parameter selbst einstellen, so kann er dies mit dem Programmier-Interface nach Bild 60, der sogenannten PROGDISC tun. Diese stellt dann alle möglichen Einstellparameter zur Verfügung und kann außerdem mit dem PC verbunden werden, um Software-Updates vorzunehmen. Moderne Regler gehen in diese Richtung. Sie bieten einerseits etwas für den Anwender, welcher sich nicht in die Programmierung vertiefen will, indem sie sich vollautomatisch auf den angeschlossenen Antrieb einstellen. Andererseits stellen sie auch dem Anwender, welcher einzelne Parameter verändern will, die nötigen Mittel bereit. So stehen auch alle Möglichkeiten nach den Tabellen in Kapitel 6.1 offen.

Messung: APC 16 × 10 E mit 3S-LiPo

Da der verwendete Propeller einen sehr großen Durchmesser bei einer ansehnlichen Steigung aufweist, ist seine elektrische Leistung schon bei relativ tiefen Drehzahlen und einer für diesen Motor auch eher kleinen LiPo-Zellenzahl von 3S (11,1 V) relativ groß. Da die 3S jedoch bei vielen Modellbauern eine Standard-Zellenzahl ist, ist der Betrieb sicher sinnvoll, wenn auch eher mit großen Akkukapazitäten von mindestens 4.000 mAh. Die Messungen der Spannungen und der Ströme sind in den Bildern 83 und 84 dargestellt.

Da es sich beim Orbit-30-14 um einen 10-poligen Motor handelt, berechnet sich die Drehzahl etwa zu 1 / 0,002550 × 60 / 5 U/Min = 4.705 U/Min. Die Akkuspannung von 10,5 V und der Motorstrom von 35 A ergeben 368 W elektrische Leistung. Damit wird er nicht an der Leistungsgrenze betrieben, trotzdem ist die Leistung für den 305 g schweren Motor durchaus ansehnlich. Bemerkenswert ist auch hier, dass sich alle Strom- und Spannungsdiagramme der unterschiedlichen Hersteller gleichen.

Messung: APC 13 × 8 E mit 5S-LiPo

Wird ein 5S-LiPo eingesetzt, so muss der Propeller auch etwas kleiner dimensioniert werden. Als weitere Messung steht die Akkuspannung von dann etwa 18 V bei einem Motorstrom von 39 A zu Buche. Das ergibt eine Drehzahl 8.200 U/Min bei einer elektrischen Leistung von 702 W. Obwohl der Motor wie oben beschrieben noch mit einer höheren Leistung betrieben werden könnte, ist das eine sinnvolle Propellerwahl. Weder Motor noch Regler werden bei dieser Leistung und diesem Motorstrom merklich warm, was der Lebensdauer sicher förderlich ist. Der Motorwirkungsgrad liegt etwa bei 85 %.

Teillastbetrieb

Da auch beim KOBY 90 LV der aktive Freilauf angewendet wird, ist auch im Teillasttbetrieb keine Erwärmung feststellbar. Erwähnenswert ist auch die hohe Schaltfrequenz von gemessenen 30 kHz. Moderne MOSFET weisen schon dermassen kleine Schaltverluste auf, dass auch große Ströme mit hohen Taktraten geschaltet werden können.

6.7 Umbau eines Monster-Trucks auf einen LRP-Motor

Dass die Brushless-Technologie sich nicht nur auf den Flugmodellbau beschränkt, sondern alle Modellbausparten erfasst, zeigt das hier beschriebene Beispiel. RTR- (Ready to Run) Car-Modelle werden oftmals mit günstigen Brushed-Motoren ausgeliefert. Häufig werden Motoren der sogenannten 540er-Klasse eingesetzt. Diese haben genormte Außenmaße und eine 3,2-mm-Welle. Der Leistungsbereich dieser Motoren liegt je nach Hersteller im Bereich von 60 W bis 90 W. Auch der Reely Cross Tiger ist so motorisiert. Bild 85 zeigt dieses 4WD Modell.

Die Hersteller von Brushless-Motoren im Car-Modellbereich bieten unter anderem auch für diese 540er-Klasse baugrößengleiche Ersatzmotoren an. Der Unterschied in der Leistung zeigt sich hier auf eindrückliche Weise. Je nach Typ kann der baugrößengleiche Brushless-Motor mit bis zu 200 W Leistung betrieben werden. Der höhere Wirkungsgrad zeigt sich hier sehr effektvoll. Vergleicht man einen Brushed-Motor mit 60 % Wirkungsgrad mit einem Brushless-Motor mit 80 % Wirkungsgrad, muss beim ersten 40 % der elektrischen

Bild 85: Reely Cross Tiger.

Leistung als Wärmeleistung abgeführt werden und beim zweiten nur 20 %, was auf rund die doppelte Leistung des Brushless-Motors führt.

Dimensionierung

Will man einen Brushless-Motor einsetzen, so muss dieser so dimensioniert sein, dass er auf die Mechanik passt. Setzt man einen Typ mit viel zu hoher Drehzahl ein, so wird die Freude am Modell nicht lange währen, da bald einmal die Lager zu lottern beginnen oder die Zahnräder ihre Zacken verlieren. Also muss man zuerst herausfinden, wie hoch der Originalmotor maximal dreht. Das ist leider oft schwierig, da die Angaben meistens nicht verfügbar sind. Messungen mit einem sechszelligen 7,2-V-NiCd- Akku ergeben etwa 15.000 U/Min. Bild 86 zeigt den Originalantrieb. Er wird wegen des tiefen Wirkungsgrades mit Kühlrippen versehen. LRP hat die Motoren vom Typ Eraser Sports Modified mit unterschiedlichen Turns im Angebot. Die Version mit 15,5 Turns ergibt ein kV von 2.800 (U/Min)/V. Zusammen mit dem 7,2 V-Akku liegt die Leerlaufdrehzahl bei 7,2 × 2.800 U/Min = 20.160 U/Min. Die Leistung wird mit 130 W angegeben. Als Antriebsritzel wird wie beim Originalmotor ein Zahnrad mit Modul 0.6, 19 Zähnen und 3,2-mm-Bohrung eingesetzt. Es ist mit dieser Dimensionierung zu erwarten, dass der Motor dem Modell also einerseits bessere Beschleunigungswerte und andererseits auch einen etwas höheren Topspeed verleiht. Ob die Mechanik des Cross Tigers das aushält, sollen die Tests zeigen.

Sensor-Technologie

Wie in Kapitel 4.2 besprochen, gibt es im Modellbau auch einige Anwendungen mit sensorgeführtem Hochdrehen des Brushless-Motors.

Bild 86: Originalantrieb, ein Brushed-Motor.

Bild 87: der eingebaute LRP-Brushless-Motor mit Sensorrückführung.

Die Car-Modelle weisen wie in Kapitel 5 behandelt wurde, oft große Lastmomentschwankungen auf. Sie müssen einerseits vom Stillstand weg maximal beschleunigen und andererseits bis zum Stillstand maximal bremsen können. Somit bietet sich der Einsatz dieser Technologie mit Sensoren hier an. Da sowohl der Motor als auch der Regler darauf ausgelegt sein müssen, wird hier die Kombination des mit Sensoren ausgerüsteten Eraser Sports Modified zusammen mit dem Regler Brushless Reverse digital eingesetzt. Bild 87 zeigt die im Modell eingebaute Antriebskombination. Deutlich ist neben den drei Leiterkabeln auch das zusätzlich benötigte Sensorkabel zu erkennen.

Inbetriebnahme

Auch diese Antriebskombination zeichnet sich durch einen hohen Automatisierungsgrad aus. So wird sie ohne Programmierkarte oder Interface ausgeliefert. Der Anwender wird in der Bedienungsanleitung nur aufgefordert, zuerst vorwärts zu fahren. So wird die Richtung erkannt, und die Beschleunigungs- und Bremsdrehmomente werden eingestellt. Da die Sensoren die Rotorposition zurückmelden und der Regler mit dieser Information die richtigen Wicklungen bestromen muss, müssen die Farben Rot, Blau und Gelb der Leiter von Motor und Regler aufeinander passen. Die Umkehr der Drehrichtung muss also mit der Gasinvertierung der Fernsteuerung vorgenommen werden. Das ist auch schon alles, der Rest geschieht vollautomatisch.

Fahrbetrieb und Messung

Die Hall-Sensoren versehen bei dieser Anwendung einen ausgezeichneten Dienst. Speziell das Anfahrverhalten könnte ohne sie nie so gut kontrolliert werden. Der Motor lässt sich sauber bis zur Maximaldrehzahl beschleunigen. Auch im sehr tiefen Drehzahlbereich lässt er sich schön

Bild 88: Geschwindigkeitsmessung mit Navigationsgerät.

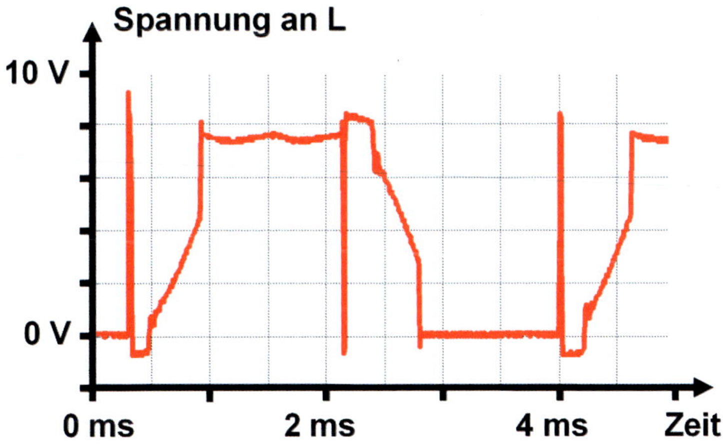

Bild 89: Auch der LRP-Antrieb wird mit der Trapezansteuerung realisiert.

steuern. Auch eine langsame Fahrt mit etwa 10 cm/Sekunde ist problemlos möglich. Wäre der Motor sensorlos, könnte bei dieser Drehzahl noch gar kein Phasennulldurchgang gemessen werden, da die Spannung U_{EMK} zu tief wäre.

Während der Beschleunigungs- und Bremsphase sowie im Topspeed spielt der Brushless-Antrieb im Vergleich zum Bürstenmotor dann seine volle Stärke aus. Bild 88 zeigt die Messung der Maximalgeschwindigkeit auf einer geteerten Straße mit einem GPS-Navigationsgerät. Die gemessenen 36 km/h könnten mit einer höheren Zellenzahl oder einem Motor mit weniger Turns problemlos noch gesteigert werden. Da die Mechanik des Cross Tigers jedoch auf etwa 30 km/h ausgelegt ist, soll sie nicht übermäßig strapaziert werden.

Auch nach längerem Fahrbetrieb mit häufigen Brems- und Beschleunigungsphasen steigt die Motortemperatur nur etwas über 40 °C. Der mitgelieferte Bürstenmotor wird nach ähnlicher Fahrweise mit schwächerer Beschleunigung und schwächerem Topspeed sogar mit Kühlrippen deutlich wärmer. Auch dies ist wieder dem im Datenblatt des LRP-Erasers angegebenen Wirkungsgrad von 89 % zu verdanken, welcher demjenigen des Bürstenantriebes weit überlegen ist.

Spannungsverlauf

Während bei den sensorlosen Brushless-Motoren die Trapezansteuerung zwingend nötig ist, damit immer ein Leiter den Phasennulldurchgang misst, könnte dieser Antrieb auch mit einer ganz normalen sinusförmigen Ansteuerung betrieben werden, wie es in Kapitel 2 beschrieben wird. Diese könnte dann auch mit einer Pulsweitenmodulation realisiert werden. Wie jedoch Bild 89 zeigt, wird auch hier die Trapezansteuerung verwendet. Der Motor wird dabei mit Vollgas betrieben.

Die Drehzahl berechnet sich bei diesem zweipoligen Innenläufer zu 1 / 0,0036 × 60 U/Min = 16.666 U/Min. Die berechnete Maximaldrehzahl von 7,2 × 2.800 U/Min = 20.160 U/Min wird nicht erreicht, da die komplette Mechanik mitbewegt wird und deshalb Reibungsverluste entstehen.

7. Fehlerquellen

Wenn sich der Motor nicht dreht, wenn er bereits im Leerlauf heiß wird, wenn er Nebengeräusche verursacht oder den Empfang stört, dann beginnt die Fehlersuche. Grundsätzlich könnte der Fehler im ganzen Antriebstrang zwischen Akku und Motorwelle liegen. Es zeigt sich jedoch oftmals, dass er beim Motor oder allenfalls bei einer defekten Endstufe des Reglers liegt. Das ist einerseits deshalb beruhigend, weil es beim Motor aufgrund seines relativ einfachen Aufbaus nicht so viele verschiedene Fehlermöglichkeiten gibt. Andererseits würde sich die Fehlersuche beim Regler wesentlich aufwändiger gestalten. Man müsste die Suche sehr schnell auf der Ebene der elektronischen Bauteile durchführen, was nicht jedermanns Sache ist. In den nächsten Unterkapiteln sind einige typische Fehlerursachen beschrieben.

7.1 Masseschluss, Windungsschluss und Kurzschluss

Masseschluss

Ein Masseschluss liegt dann vor, wenn die Isolation einer Kupferwicklung an einer Stelle blank ist. Meistens geschieht dies beim Wickeln des Drahtes um die scharfkantigen Statorbleche. So entsteht ein elektrischer Kontakt mit diesen. Da der Stator, welcher aus elektrisch leitendem Eisen besteht, auch einen Kontakt zum Gehäuse und über die Kugellager auch zur Welle herstellt, ist dann der ganze Motor auf der Spannung dieser blanken Stelle. Messen kann man einen Masseschluss mit dem Durchgangsprüfer eines Multimeters. Dazu werden alle drei Anschlusskabel der Reihe nach mit der Motorwelle oder dem Gehäuse auf Durchgang geprüft. Piept es bei einer Verbindung, ist ein Masseschluss vorhanden.

Grundsätzlich kann sich der Motor mit einem Masseschluss immer noch drehen. Lediglich das elektrische Ersatzschaltbild der Wicklung mit Masseschluss verändert sich leicht, da noch ein Motor an der Windung hängt. Der Einfluss auf das Betriebsverhalten ist jedoch meistens nicht spürbar, der Motor läuft immer noch rund. So wird ein einzelner Masseschluss oftmals gar nicht bemerkt.

Kritisch wird es erst dann, wenn mehrere Masseschlüsse gleichzeitig vorliegen. Wenn eine Wicklung an zwei oder mehr Stellen blank den Stator berührt, sind die Windungen dazwischen kurgeschlossen und der Motor erzeugt mit dieser Wicklung weniger Kraft bzw. Drehmoment. Eine andere Form des Masseschlusses ist, wenn zwei verschiedene Wicklungen blank sind und sich so über den Stator kurzschließen. Je nach Lage der Masseschlüsse können beide Fälle dazu führen, dass sich der Motor gar nicht mehr dreht oder der Regler die unsymmetrischen Wicklungsverhältnisse bemerkt und selbstständig abschaltet. Im günstigsten Fall haben sie nur ein unrundes Laufverhalten zur Folge. Sie können sich dann auch so bemerkbar machen, dass der Motor nur in bestimmten Rotorpositionen anläuft.

Da Masseschlüsse immer bei den innersten Wicklungen, welche den Stator berühren, vorkommen, kann man sie meistens nicht genau lokalisieren. Beheben kann man sie nur, indem man die entsprechende(n) Wicklung(en) vollständig erneuert.

Windungsschluss

Ein Windungsschluss sind entweder wie oben beschrieben zwei Masseschlüsse derselben Wicklung oder der Kurzschluss zweier Drahtwindungen untereinander. Der Draht ist dann an zwei in der Wicklung übereinander liegenden Stellen blank und alle dazwischen liegenden Wicklungen sind kurzgeschlossen.

Dieser Fall ist schwieriger zu bemerken als der Masseschluss. Es müssen die Wicklungswiderstände der drei Wicklungen gemessen werden (Vorgehensweise siehe Kapitel 3.2). Weicht einer stark von den anderen beiden ab, ist ein Windungsschluss vorhanden. Bemerkbar macht sich ein Windungsschluss gleich wie der Masseschluss, auch die Behebung ist dieselbe.

Kurzschluss

Ein Kurzschluss ist die schwerste Form aller ‚-schlüsse'. Hier werden zwei der drei Motorkabel kurzzeitig oder permanent miteinander verbunden. Auftreten kann er beispielsweise bei einer unzureichend isolierten Verbindungsstelle zwischen Regler und Motor. Manchmal können auch aufgescheuerte Kabel beim Gehäuseeintritt zu einem Kurzschluss und gleichzeitigem Masseschluss führen. Meistens ist ein Kurzschluss ohne Messgerät erkennbar. Sonst kann man ihn auf die gleiche Weise messen wie den Windungsschluss. Im Unterschied zu diesem weicht das Messergebnis eines der Widerstände zwischen zwei der drei Kabel nicht nur stark ab, sondern ist nahezu null. Ein Kurzschluss heißt, dass der Strom durch die entsprechenden Motorkabel und auch die MOSFET der Endstufe sehr groß wird. Nach dem Ohm'schen Gesetz ist $I = U/R$ und mit einem angenommenen $R = null$ wäre der Strom sogar unendlich groß. Nur die sehr kleinen Widerstände RDS_ON der Endstufe und die Motorzuleitungen reduzieren ihn etwas. Nicht alle der heute verfügbaren Regler sind sogenannt kurzschlussfest. Insbesondere solche, welche nicht über eine Strommessung verfügen, haben keine Chance, die Endstufe rechtzeitig abzuschalten. Auch einige Regler mit Strommessung reagieren hier zu langsam. Die Folge davon ist, dass entweder der Shunt oder einer der Transistoren durchbrennt und der Regler zerstört wird.

7.2 Lager und Welle

Lager

Das Lager ist die einzige Verbindung zwischen der Welle und dem Stator und stellt somit auch das einzige mechanische Verschleißteil dar. Die meisten Lager sind als Kugellager mit Stahlkugeln ausgeführt. Diese Lager sind selbstschmierend ausgeführt. Das heißt, dass das Schmiermittel bereits beim Herstellungsprozess aufgebracht wird und während der ganzen Betriebszeit im Käfig des Lagers bestehen bleibt. Es ist so also keine Wartung oder Schmierung mehr notwendig. Modellbaumotoren können im Extremfall auch mit 50.000 U/Min oder noch höher drehen. Dann können auch Speziallager aus Keramik zum Einsatz gelangen. Für Motoren kleiner Leistung sind das beispielsweise Gleitlager, während bei Motoren mit größerer Leistung Kugellager mit Keramikkugeln angewendet werden. Bei einem Einsatz innerhalb der Betriebsspezifikationen des Herstellers sollten die Lager genügend lange halten. Man bedenke dabei, dass die Lager in industriellen Einsätzen, in welchen sie im Dauereinsatz bestehen müssen, eine deutlich höhere Lebensdauer aufweisen müssen, als im Modellbau, bei welchem es nur die wenigsten Motoren auf eine Betriebszeit von insgesamt mehr als 100 Stunden bringen. Es gibt aber Dinge, welche grundsätzlich auf die Lagerlebensdauer drücken. Es sind dies:

- zu hohe Motorleistung, verbunden mit einer unzulässigen Erwärmung
- Unwucht der Last, insbesondere des Propellers
- Einmalige mechanische Schläge, beispielsweise durch Abstürze verursacht

Ein defektes Lager macht sich dadurch bemerkbar, dass sich die Welle von Hand nicht mehr rund drehen lässt. Man hat dann den Eindruck, es sei etwas wie ‚Sand im Getriebe' oder man spürt bei entsprechender Bewegung ein deutliches Lottern mit Knackgeräuschen.

Die Lager sitzen immer mit einem Presssitz im Stator und man kann sie vorsichtig mittels Hammer und Körner auf einem Schraubstock herausschlagen und ersetzen. Verschiedene Hersteller bieten diese Lager auch als Ersatzteile für ihre Motoren an, auch wenn sie es nicht immer gern sehen, dass der Kunde mit dem Hammer an ihren Motoren herumwerkt.

Welle

Bei extremen Belastungen und Schlägen, beispielsweise bei Abstürzen kann auch einmal die Welle in Mitleidenschaft gezogen werden. Sie ist dann krumm und eiert. Viele Modellbauer haben wohl schon mit verschiedenen Methoden versucht, eine solche Welle wieder gerade zu biegen, nicht wenige sind daran gescheitert. Auch wenn der nachfolgende Rat nicht befriedigend erscheinen mag: nur die wenigsten Modellbauer haben die richtige Ausrüstung, verbogene Motorwellen wieder gerade zu biegen. Vielleicht setzt man dann die Zeit besser dafür ein, einen guten neuen Motor auszuwählen.

7.3 Defekte Reglerendstufe

Die Reglerendstufe geht niemals von selbst defekt, sondern immer durch einen fehlerhaften Betrieb, wie er in Kapitel 7.1 beschrieben wurde. In diesem Fall diagnostiziert der Mikroprozessor den Defekt meistens selbst. Beim Versuch, den Motor anzufahren, fließt dann in der entsprechenden Stufe kein Strom oder es erfolgt trotz Bestromung nie ein Phasennulldurchgang. Der defekte MOSFET kann meistens leicht gefunden werden, er weist einerseits sichtbare Schäden auf und riecht andererseits auch verbrannt. Wer im Löten versiert ist, kann den defekten Baustein leicht auslöten und durch einen baugleichen neuen ersetzen. Es wird meistens etwas Leistung benötigt, da der Transistor immer auf der dicksten Leiterbahn sitzt, welche den großen Motorstrom führt.

8. Literatur

Budig, Peter-Klaus: Stromrichtergespeiste Synchronmaschine: Theorie und Anwendungen. VDE-Verlag, Berlin 2003. ISBN: 3-8007-2518-5

Föllinger, Otto: Regelungstechnik, Einführung in die Methoden und ihre Anwendung. Hüthig Verlag, Heidelberg 2008. ISBN: 978-3-7785-2970-6

Hilgers, Heinrich: Selbstbau von Brushless-Außenläufer-Motoren praxisnah erklärt. Neckar-Verlag 2006. ISBN: 978-3-7883-0683-0

Hughes, Austin: Electric motors and drives: fundamentals, types and applications. Elsevier/Newnes, Amsterdam 2006. ISBN: 0-7506-4718-3

Kafader, Urs: Auslegung von hochpräzisen Kleinstantrieben. Verlag Maxon Academy, Sachseln 2006. ISBN: 978-3-9520143-4-9

Passern, Ulrich: Das LiPo-Buch. Verlag für Technik und Handwerk, Baden-Baden 2008. ISBN: 978-3-88180-781-4

Retzbach, Ludwig: Deutscher Modellflieger Verband Brushless-Fibel II. Wellhausen & Marquardt Mediengesellschaft bR, Hamburg 2005.

Schenk, Helmut: Der Standschub von Propellern und Rotoren. Internet: http://www.rc-network.de/magazin/artikel_02/art_02-0037/Standschub.pdf (abgerufen am 9.3.2011). Auch google nach ‚Standschub.pdf'

Nachwort

Nachdem jetzt alle Grundlagen des Brushless-Antriebs erarbeitet wurden, nachdem jetzt alle Vorteile dieser Technik auf dem Tisch liegen, möge man sich überlegen, wohin die Zukunft führen wird.

Der Modellbau war und ist immer ein Sprungbrett für neue Technologien. Sie können halt in ‚klein' immer sehr viel günstiger und effizienter entwickelt und produziert werden, als in ‚groß'. Das gilt auch für das behandelte Thema. Längst hat ‚Brushless' jedoch auch in unseren Alltag Einzug gehalten, sei es bei CD- und DVD-Laufwerken, welche verschleißfrei und zuverlässig ihren Dienst verrichten müssen oder auch bei ganz normalen Handbohrmaschinen oder Akkuschraubern. Auch industrielle Stellantriebe sind heute schon fast immer ‚Brushless'.

Die Elektromobile werden über kurz oder lang unsere Welt verändern, da die fossilen Brennstoffe in absehbarer Zeit erschöpft sein werden. Auch hier hat der Modellbau die Zukunft bereits vor Jahren vorweggenommen, indem der Elektromotor schon immer in RC-Cars eingesetzt wurde. Auch für die ‚richtigen' elektrischen Autos ist der Brushless-Antrieb zu Beginn des 21. Jahrhunderts der Standardantrieb, er trägt hier den Namen ‚Synchronantrieb' oder ‚Electronic Commutated, EC-Antrieb'. Ähnlich effiziente Antriebsalternativen, welche ohne fossile Brennstoffe auskommen, gibt es im Moment nur sehr wenige. Bereits werden sogar erste Brushless-Antriebe für die bemannte Fliegerei eingesetzt.

Leistungsfähigere Energiespeicher als die LiPo-Akkus sind längst in den Köpfen der Forscher vorhanden oder werden in Entwicklungslabors ausgetestet. Der Modellbauer sei versichert, dass er auch diese als einer der ersten in seinen Modellen einsetzen darf. Wenn diese neuen Energiespeicher in absehbarer Zeit die Marktreife erlangen, dann wird die Kombination mit dem Brushless-Antrieb zu dem Standard für alles, was sich auf unserer Welt durch Technik bewegt, sei es autonom oder ortsgebunden.

Es werden dadurch selbstverständlich auch neue Probleme entstehen, es müssen beispielsweise genügend und saubere elektrische Energiequellen bereitgestellt werden. Außerdem werden die neuen Antriebe auch neue Rohstoffe benötigen, mit Lithium oder Neodym seien hier nur zwei Beispiele genannt.

Die Technik wird also noch viele neue Errungenschaften hervorbringen. Es soll jedoch das Ziel eines jeden Technikers oder Ingenieurs sein, sie so einzusetzen, dass sie die Welt angenehmer gestalten. Die Brushless-Technologie hat das Potenzial dazu!

Thomas Riegler

Akkus und Ladegeräte

Für den RC-Modellbau sind hochstromfähige Akkus erforderlich, die zudem auch schnellladefähig sind. Dieses Buch behandelt das Laden, die Pflege und Wartung der wichtigsten Typen wie Nickel-Cadmium-, Nickel-Metallhydrid-, Lithium-Ionen-, Lithium-Polymer-, Lithium-Eisen-Phosphat- und Bleiakkus.

Umfang: 152 Seiten
Best.-Nr.: 310.2185 · Preis: 19,80 €

Ulrich Passern

Das LiPo-Buch

LiPos sind die optimale Energiequelle für Elektro-Antriebe geworden. LiPos sind gegenüber konventionellen Energieträgern leicht, klein und sehr leistungsstark. Die Hersteller entwickeln, was das Zeug hält und fast monatlich kommt eine neue LiPo-Variante auf den Markt. Der Modellsportler hat zunehmend die Qual der Wahl – welcher Akku eignet sich für welchen Einsatzzweck, auf was muss man achten?

Umfang: 56 Seiten
Best.-Nr.: 310.2181 · Preis: 9,90 €

Der vth-Bestellservice

(+49) 07221/508722 · per Fax (+49) 07221/508733
E-Mail: service@vth.de

Verlag für Technik und Handwerk neue Medien GmbH • Baden-Baden